新中国成立以来
北京市政工程
发展与更新

主编 田春艳 崔丽

北京工业大学出版社

图书在版编目（CIP）数据

新中国成立以来北京市政工程发展与更新 / 田春艳，崔丽主编. -- 北京：北京工业大学出版社，2024.5

ISBN 978-7-5639-8667-5

Ⅰ. ①新… Ⅱ. ①田… ②崔… Ⅲ. ①市政工程—工程施工—研究—北京 Ⅳ. ① TU99

中国国家版本馆 CIP 数据核字（2024）第 096084 号

新中国成立以来北京市政工程发展与更新
XINZHONGGUO CHENGLI YILAI BEIJING SHIZHENG GONGCHENG FAZHAN YU GENGXIN

主　　编：	田春艳　崔　丽
责任编辑：	曹　媛
策划编辑：	陈　娜
封面设计：	红杉林
出版发行：	北京工业大学出版社
	（北京市朝阳区平乐园 100 号　邮编：100124）
	010-67391722（传真）bgdcbs@sina.com
经销单位：	全国各地新华书店
承印单位：	三河市元兴印务有限公司
开　　本：	700 毫米 ×1000 毫米　1/16
印　　张：	8.75
字　　数：	131 千字
版　　次：	2024 年 5 月第 1 版
印　　次：	2024 年 5 月第 1 次印刷
标准书号：	ISBN 978-7-5639-8667-5
定　　价：	78.00 元

版权所有　翻印必究

（如发现印装质量问题，请寄本社发行部调换 010-67391106）

编写委员会

（排名不分先后）

主编

田春艳　崔　丽

副主编

王　强　郭　晗　李文华　李　倩

编写人员

王晓东　顾大鹏　张　恒　赵　琦　胡　莹　李　欣

王　坤　王玉婷　何　萌　郭利杨　田学森

前　言

人们越来越认识到，对于北京这样的超大城市，市政基础设施是保障城市正常运转的重要命脉。建设韧性城市、提升城市治理能力的重要内容之一是打造健全完善的市政基础设施系统。作为六朝古都和新中国首都的北京，新中国成立以来的城市建设一直引领行业发展，本书通过分析、汇总相关经验，总结北京市政工程建设的本质特点，为今后市政基础设施发展提供参考。

城市市政基础设施包括道路、桥梁、给水、排水、电力、热力、燃气、垃圾处理等各项系统，限于篇幅和总体安排，本书仅对新中国成立以来北京市道路工程、桥梁工程、地铁隧道工程、城市综合管廊工程和人行过街地道建设的技术特点、相关经验以及取得的成就进行深入浅出的回顾和总结。本书共分为五章：第一章是综述，总体概括历史上北京市政建设方面的变迁、新中国成立70多年来北京市政工程的变化以及新阶段的发展特点；第二章是道路工程，系统回顾北京市路网规划情况、道路总体发展状况，以及道路工程设计理念与标准、道路建筑材料、施工与养护等相关内容；第三章介绍了桥梁工程的发展，包括立交桥、跨线桥等城市桥梁，以及人行天桥和轨道交通高架桥；第四章介绍了北京市地铁隧道工程发展的历程和相关工程技术；第五章介绍了城市综合管廊工程和人行过街地道两方面的内容。每章都包含发展情况回顾、工程技术特点和经验总结，通过丰富的案例将北京市政工程的发展过程一一道来。本书既可以作为市政工程知识普及读物，也可以作为工程技术人员了解北京市政工程技术发展历程的手册。

本书总体负责人为田春艳、崔丽，第一章编写人为田春艳、李倩、顾大鹏；第二章编写人为王强、赵琦、胡莹、王坤、王玉婷、何萌、郭利杨、崔丽；第三章编写人为郭晗、李欣、田学森；第四章编写人为张恒、王晓东；第五章编写人为李文华、李欣。

受水平和时间所限，书中难免有不足之处，请广大读者不吝指教。

编 者

目 录

第一章 综述 ……………………………………… 1

1.1 历史变迁 ……………………………………… 1
1.2 新中国成立以来的主要市政建设 …………………… 2
1.3 发展与更新的新阶段 …………………………… 5

第二章 道路工程 …………………………………… 7

2.1 路网规划与建设 ………………………………… 7
2.2 道路工程技术发展 ……………………………… 17
2.3 典型道路工程项目介绍 …………………………… 31

第三章 桥梁工程 …………………………………… 35

3.1 总体情况 ……………………………………… 35
3.2 技术特点 ……………………………………… 42
3.3 人行天桥 ……………………………………… 56
3.4 轨道交通高架桥 ………………………………… 62

第四章　地铁隧道工程 ······ 69

4.1　地铁隧道建设概况 ······ 69
4.2　地铁隧道工程技术 ······ 79

第五章　城市综合管廊工程和人行过街地道 ······ 97

5.1　城市综合管廊工程 ······ 97
5.2　人行过街地道 ······ 114

参考文献 ······ 123

第一章 综述

1.1 历史变迁

北京历史悠久，有3 000多年的建城史，800余年的建都史，北京的城市建设不仅在中国历史上留下了浓墨重彩的一笔，也展现了一座古老城市发展变化与更新的过程。

金中都城建于金天德三年（1151年），是北京城在历史上作为王朝都城的开始，当时金中都城周长三十七里多（1里=0.5 km），近似正方形，故址位于今北京西城区丰台区一带。元代定都于北京，1267年于金中都城东北郊营建新城，后改称"大都"。元大都城南北略长，呈矩形布置，街道规划整齐，整体呈棋盘式，奠定了北京城的基本轮廓。全城南北干道和东西干道各有九条，相对的城门之间一般都有干道相通，占主导地位的是南北向的干道。胡同基本沿南北干道的东西两侧平行排列，干道宽约为25 m，胡同宽为6~7 m[1]。1420年，明都城由南京迁至北京，明初，北京城市干道和胡同基本沿元大都之旧制。因南北向的城门不相对，城内没有南北贯穿的街道，东西向因积水潭与皇城阻隔，也无法形成横贯全城的街道，各城门内的大道的尽端大都是丁字街，成为当时北京城市干道的特点。城内由主、次干道形成纵长矩形的街道网，网格内即街区，街区内为横向的胡同[2]。嘉靖年间，北京修建了南外城，由三条南北向的大街与一条东西向的大街垂直相交，形成干道网，北京由明初时的矩形发展成为南面建有外城的凸字形，此时形成的北京城布局一直延续了近400年。明灭亡后，清仍建都北京，城市布局沿用明代的基础，宫城和干道系统未做变动，仅做局部改变。

清末时期，北京的城市基础设施已经破败不堪。民国初期，通过打通皇城、拆除或改造城门，皇城内外部街道被连为一体，古都开始向近代化城市转变[3]。1904年，北京出现第一批碎石路；1915年，正阳门外的大栅栏敷设了北京城第一条沥青路，后来西长安街、前门大街、西单大街都陆续被改修成马路[4]。到新中国成立前夕，由于战乱和年久失修，城区内的所有道路几乎全部被毁坏，沥青碎石路路面大部分油皮脱落、龟裂，胡同都是土路且坑洼不平，下雨时泥泞难行[5]。

1.2 新中国成立以来的主要市政建设

中华人民共和国成立后，北京城焕发了新生，人们进行了大量的恢复性建设，同时也新建和改建了一部分道路。三年内共新建道路248 km，面积为177万 m^2，新建桥梁16座，此外，还整修了大量胡同土路[5]。

自1953年开始，虽然经历了20世纪60年代国家经济困难时期和"文革"时期，道路、桥梁等市政设施建设受到一定的影响，但经过20余年的发展，北京市初步形成了以东西长安街、南北中轴线以及在原城墙位置建设的二环路为骨架的棋盘形的路网格局。北京市城市路网规划的第一个五年计划期间，改造旧桥并修建了100多座新桥；第二个五年计划期间，桥梁建设方面集中于水利工程和公路工程，修建了当时郊区最长的十三陵桥（桥长1 662 m）以及密云古北口公路的潮河大桥等；之后于1974年建成北京市第一座跨越道路的互通式立交桥——标准苜蓿叶形的复兴门立交桥。地铁工程方面，1965—1969年完成了北京地铁一期工程；1971年3月，北京地铁二期工程（复兴门站至建国门站）开工建设。

1976—1985年这一时期，借鉴国际上的先进交通理论和建设经验，北京市按城市快速路标准逐步改造二环路，打通了内二环路（前三门以北沿护城墙和护城河形成的环线），外二环路贯通了西、南方向。进入20世纪80年代，基本完成了对二环路的改造，同时加强了北部放射线道路以及一些城市次干路的建设。桥梁方面，在国内首次修建了机非分行的三层式立交桥——建国门立交桥和西直门立交桥；从1983年开始，陆续修建了三元桥、蓟门桥、安贞桥和马甸桥。由于，市区繁华地带车辆与行人相互干扰问题越来越突出，1982

年，在人流车流密集的西单北大街的西单商场门前修建了北京市第一座人行过街天桥；1983年，在前门修建了北京市第一座人行过街地道——前门大栅栏人行地道。地铁工程方面，1984年9月，地铁二期工程开通试运营；1986—1987年，地铁复兴门折返线工程施工完成；1989年，复八线（复兴门站到八王坟站）正式动工；1992年，复兴门站至西单站通车；1999年，复八线开始运营。

北京市以承办亚运会为契机，提出了"打通两厢，缓解中央"的战略目标，北京城市面貌发生巨大变化。二环快速路系统最终于1992年建成，三环快速路系统于1994年全线建成，并在二、三环路完成配套桥梁的修建工程（见表1-1）。至此，市政府"建设二、三环快速路"的战略部署完成。在建设环线的同时，重点建设了首都机场高速公路、八达岭高速公路等对外放射道路，环线加放射线的路网主骨架格局基本形成。为迎接新中国成立50周年的到来，改造升级市区内一大批道路，打通了"断头路"，路网的系统性得到显著加强。同时，四环快速路中的一段——东四环路也在这期间顺利通车[6]。

表1-1　1987—1995年修建的配套桥梁工程[5]

时间	工程名称	修建设施数量/座		
^	^	立交桥	人行天桥	过街地道
1987年8月—1989年4月	东厢工程	东便门桥等10座	13	8
1990年8月—1991年11月	南三环改造	十里河桥等3座	—	—
1990年8月—1991年12月	西厢工程	天宁寺桥等5座	—	—
1991年3月—1991年11月	东三环南路改造	华威桥等3座	2	1
1991年12月—1992年9月	南厢工程	右安门桥等4座	—	10
1992年4月—1992年9月	西北二环改造	月坛南桥等7座	—	—
1993年1月—1993年9月	东南三环改造	双井桥等7座	8	—
1993年12月—1994年9月	西北三环改造	三元西桥等15座	27	4

20世纪90年代末至21世纪初，城市道路规划明确提出建设快速路系统、主干路系统、中心区路网加密系统三大系统。北京市对二环路进行两次全面

系统的改造，建设了一批城市快速道路。四环路于2001年6月全线通车，全长65.3 km，全线共建设大小桥梁147座，是以当时国内最高标准建设的城市快速路。五环路于2000年8月19日动工兴建，2003年11月1日全线通车运营，是2008年北京奥运工程第一个率先建成的大型基础设施项目。2008年奥运会前后，北京市共建成59条奥运场馆周边道路。同时，进一步加强快速路系统建设，中心城和新城之间以及中心城连接国道对外放射干线全部实现快速交通，为优化主干道路网的空间布局，建设了安立路、万寿路、大屯路等城市主干道。2009年9月，随着西六环通车，全长187.6 km的北京六环路全线贯通。为迎接2008年奥运会，北京市开始大规模建设轨道交通设施，"十一五"期间，共建成10条轨道交通线路，运营里程达到336 km。

2010年以后，北京市继续完善"环路+放射线"架构的快速路系统，建设完成广渠路二期、京良路、怀丰路、西外大街西延、京新高速公路（北四环至北五环段）、丽泽路，总里程达300 km。同时，北京市还大力发展轨道交通建设，完成轨道交通运营里程660 km，基本实现"三环、四横、五纵、七放射"格局。

"十三五"期间，城市道路建设重点转向优化路网级配结构方面，建成广渠路二期和东延、长安街西延、运河东大街、林萃路、马家堡西路南延、金中都南路、西三旗南路等城市快速路和主干路，建成197条次支路。同时，坚持"建管并重"原则，提高城市道路养护水平。轨道交通方面，新增运营里程172.9 km，总里程达727 km。

在城市综合管廊方面，北京市是国内建设比较早的城市。1959年在天安门广场改造工程中建设了1.07 km长的综合管廊；1993年起进行了高碑店污水处理厂的综合管廊研究，一期、二期工程均建设了综合管廊。2015年后，在国家陆续出台的一些政策法规大力推动下，综合管廊进入了快速发展时期。"十三五"期间，北京市建成并投入运营的综合管廊共32条，总长度达199.69 km。根据《北京城市总体规划（2016年—2035年）》，到2035年，全市建成综合管廊长度将达到450 km左右。

1.3 发展与更新的新阶段

城市的发展不断伴随着新区的扩展和旧区的更新。经过几十年的发展，北京市已经成为一个超大型城市，基础设施日趋完善。习近平总书记在党的二十大报告中提出："加快转变超大特大城市发展方式，实施城市更新行动，加强城市基础设施建设，打造宜居、韧性、智慧城市。"党的二十大报告为城市基础设施建设提出了新的目标和任务。从北京市发布的一系列政府文件、法规中可以看出，"十四五"期间，北京市基础设施方面兼顾发展与更新，核心发展方向是绿色低碳、融合联动、以人为本、安全韧性、智慧高效。对市政工程建设和管理领域来说，今后一段时期的工作重点就是打造韧性、智慧、绿色的市政基础设施体系，为落实首都城市战略定位、建设国际一流和谐宜居之都做好保障和服务。

第二章 道路工程

2.1 路网规划与建设

2.1.1 北京市城市道路发展与规划

北京作为中华人民共和国的首都、是全国的政治中心、文化中心、国际交往中心、科技创新中心，也是著名的历史文化名城和古都之一。全市下辖16个区，总面积为16 410.54 km²。截至2023年年底，北京市拥有常住人口2 185.8 万人。

北京作为六朝古都，拥有3 000多年的建城史，现在的北京市城区规划，基本上由清代北京城的城区规划向外拓展而来。明代北京城布局大致为现在的二环路以内的区域，在此基础上，清代重新确定了内外城划分，以前门大街为界，北侧为内城，南侧为外城。后续的北京市城区规划布局都是在此基础上进行的拓展。新中国成立前，北京市的城市道路基本情况较差，市政工程滞后，干道稀疏、系统性较差、街道窄小、路面铺装质量差，道路工程十分落后。1949年年初，市区道路总长度仅有214 km，路面面积仅为140 万 m²。有路面铺装的道路集中在东城、西城两个城区，占全城区的56.7%，且长期失修失养。新中国成立后，北京市不断加强基础设施建设，提升道路服务功能，先后提出6版规划方案，解决了不同历史时期遗留的通行问题，为北京市道路建设与发展奠定了坚实的基础。

（1）第一版——《改建与扩建北京市规划草案》

1953年，中共北京市委市政府提出的《改建与扩建北京市规划草案》（以下简称《草案》），是现代意义上北京的第一份由多部门协作完成的综合性、规范性的城市总体规划成果[8]。《草案》奠定了北京市之后的道路系统和路网格局，明确了棋盘式加放射式环路的路网结构，提出内环路为菜市口、新街口、蒜市口（现磁器口附近）、北新桥打通围合的环形道路，两条放射干线分别为从菜市口向西南和从蒜市口向东南的放射线[9]。

（2）第二版——《北京城市建设总体规划初步方案》

1957年的《北京城市建设总体规划初步方案》（以下简称《初步方案》）是对《草案》的补充和修改，奠定了市区干道网布局形式。《初步方案》在城市布局中首次提出了"分散集团式"的布局原则[10]，并且提出北京的道路系统应为棋盘式、放射式、环路三结合的形式。《初步方案》取消了《草案》中的两条放射干线，保持了老城区传统的棋盘状道路网格布局，发展了南北和东西两条轴线，增设了环路加放射线的道路网布局形式[11]。

具体规划方案中，老城区布置了横贯东西和纵贯南北各7条主次干线，市区规划了4条环路，市规划区外围安排了1条公路环。规划形成了以二环路为起点的18条主次干线路网的基本骨架。

（3）第三版——《北京城市建设总体规划方案》

为了适应改革开放后的新形势，1982年，北京市编制了《北京城市建设总体规划方案》，这是改革开放后北京市第一次经中央正式下文批准的总体规划[12]。本次规划中提出了"两轴、两带、多中心"的空间布局形式。《北京城市建设总体规划方案》中继续采用了道路网布局形式，并采用1975年经市委批准的道路红线宽度，对市区快速路系统进行了研究，但未在道路规划中明确表述，仅提出了预留可能性的建议。

（4）第四版——《北京城市总体规划（1991年至2010年）》

改革开放以来，北京经济快速发展，全市常住人口于1986年年底突破1 000万人，1990年年底，全市民用机动车达到了38.4万辆。为了进一步优化城市布局，强化首都功能，1993年，北京市完成了《北京城市总体规划（1991年至2010年）》[10]。本次规划方案中采用原有道路网布局形式，并明确提出了快速路系统方案。市区道路系统包括快速路、主干路、次干路和支路4个结构层次，进一步完善了道路结构[13]。其中市区快速路系统由3条环路

（即二、三、四环）以及通往首都机场和连接高速公路的8条放射线组成，并明确以公路环为界，其内为城市快速路，其外称高速公路。1992年规划的快速路系统见表2-1。

表2-1　1992年规划的快速路系统

类型	道路
快速路环线	二环
	三环
	四环
快速路放射线	由三元桥接京承公路
	由二环路东北角接首都机场
	由东便门沿通惠河北滨河路至通县（现通州区）
	由二环路东南角向东南接京津塘高速公路
	由菜户营向南接京开高速公路
	由菜户营向西接京石高速公路
	由西便门向西接京原公路
	由西直门小立交沿京包铁路至昌平方向

本次规划方案提出北京城市交通建设的战略目标是："在20年或者更长的时间内逐步完善城市道路网和轨道交通网，建立一个以公共运输网络为主体，以快速交通为骨干，功能完善、管理先进，具有足够容量和应变能力的综合交通体系"。

（5）第五版——《北京城市总体规划（2004年—2020年）》

《北京城市总体规划（2004年—2020年）》立足于首都长远发展，强化首都职能，突出首都特色，不断增强社会的综合辐射带动能力，优化完善中心城路网体系，将道路建设的重点逐步由中心城向中心城以外的地区转移，促进和引导新城的发展[14]。

本次规划方案进一步加强了市区城市快速路系统，仍以五环路为界线，其内为城市快速路，其外为高速公路。快速路系统由3条环路、17条快速放射线和2条联络线组成，总里程达到517.0 km，比1992年的方案增加了159.6 km。

增强了与新城和其他城市的快速联系。

为适应历史文化名城保护的需要，本次规划方案调整了城市道路规划等级和红线宽度。除老城内横贯东西的4条主干道，纵贯南北的3条主干道外，其他主干道均降为次干道。为保护历史文化保护区内的胡同系统，将穿越保护区内的次干路降为支路，将支路依照现有胡同的走向和宽度进行调整。老城区内的道路横断面宽度要满足历史文化名城保护的需要，采取与其他地区不同的设计标准。将老城区的道路红线宽度调整为：主干道40~70 m，次干道34~40 m，支路15~20 m。

本次规划进一步重视了支路的规划，使支路总里程达到2 152.0 km，占路网总里程的45.21%。道路建设的重心逐步由中心城向中心城以外的地区转移，促进和引导新城的发展。中心城道路建设的重点由快速路、主干路逐步向次干路、支路转移，以提高道路网整体能力和应变能力。道路建设要为公共交通、步行交通和自行车交通创造良好条件。交通设施充分考虑无障碍设计，保障交通弱势群体应有的交通权利。旧城道路建设要服从历史文化名城保护的要求。表2-2与表2-3分别为2004年规划的快速放射线与国道系统。

表2-2　2004年规划的17条快速放射线一览表

序号	线路名称	起点	经过地点	连接新城	连接国道	连接大城市
1	京承高速公路	东三环太阳宫	望京西侧空港城西	顺义、怀柔、密云	G101	承德
2	京顺路	东四环四元桥	望京东侧	怀柔	G101	承德
3	机场高速公路	二环东北角	三元桥	首都机场	—	—
4	姚家园路	东三环长虹桥	东坝	平谷		
5	通惠河北路	三环	—	通县①	G102	秦皇岛
6	广渠路	东四环大郊亭桥	定福庄	通县①	G102	秦皇岛
7	京沈高速公路	东四环四方桥	通县①	通县①	G102	沈阳
8	京津塘高速公路	二环东南角	马驹桥、永乐店	—	G104、105	天津塘沽
9	蒲黄榆路	南二环玉蜓桥	方庄、南苑东侧	—	G104、105	济南

10

续表

序号	线路名称	起点	经过地点	连接新城	连接国道	连接大城市
10	京开高速公路	南二环菜户营	—	黄村	G106	开封
11	丰台北路	南二环菜户营	—	良乡	G107	石家庄
12	莲花池东路	西二环天宁寺桥	石景山衙门口	—	G108	山西原平
13	阜石路	西三环航天桥	石景山	门头沟	—	大同
14	万泉河路	西三环苏州桥	圆明园西路	中关村科技园	—	—
15	京包高速公路	北四环	中关村科技园	昌平、延庆	—	—
16	八达岭高速公路	北二环德胜门	沙河、南口	昌平、延庆	G109	—
17	安立路	北四环仰山桥	北苑、小汤山	—	G111	—

注：①现通州区。

表 2-3 2004 年规划的国道系统一览表

类型	名称	道路等级
国道主干线	八达岭高速公路（丹拉线 G025）	高速公路
	六环路（丹拉线 G025）	高速公路
	京沈高速公路（丹拉线 G025）	高速公路
	京津塘高速公路（G020）	高速公路
	京石高速公路（G030）	高速公路
国道	京承高速公路（G101）	高速公路
	京哈高速公路（G102）	高速公路
	京济公路（G104、G105）	高速公路
	京开高速公路（G106）	高速公路
	京原公路（G108）	一级公路
	京大公路（G109）	一级公路
	京包公路（G110）	高速公路
	京丰公路（G111）	一级公路

为适应北京市民常用交通工具的特点，便于居民出行，规划方案对自行车交通系统和步行交通系统特别关注。为支持新城的建设，还首次提出发展和建

设复合型快速交通走廊的规划。

（6）第六版——《北京城市总体规划（2016年—2035年）》

《北京城市总体规划（2016年—2035年）》中提出了建立分圈层交通发展的模式，打造一小时交通圈，提出到2020年，公路网总里程力争达到22 500 km，到2035年超过23 150 km。全力提升规划道路网密度和实施率，完善城市快速路和主干路系统，推进重点功能区和重大交通基础设施周边及轨道车站周边道路网建设，大幅提高次干路和支路规划实施率；提高建成地区道路网密度，到2020年，新建地区道路网密度达到8 km/km^2，城市快速路网规划实施率达到100%；到2035年，集中建设地区道路网密度力争达到8 km/km^2，道路网规划实施率力争达到92%[15]。

在高速公路发展方面，打通市域内国家高速公路"断头路"，建成环首都地区高速公路网，推动实现北京六环路国家高速公路功能外移。

在城市道路方面，继续保护老城原有棋盘式道路网骨架和街巷胡同格局，老城原则上不再拓宽道路，建设以"三横四纵"为代表的文化景观街道。让步行和自行车交通重新回归城市，改善慢行出行环境。其间，编制完成10余项规划、标准和规范，推进行业标准化、规范化发展。实施慢行系统品质提升行动，完成中心城区次干路及以上共3 218 km慢行系统治理工作，使慢行系统逐步连片成网。推进慢行系统示范街区建设，以点带面推动全市慢行交通环境整体提升。2019年，北京建成了全国第一条以通勤为主要服务对象的自行车专用路，全长为6.5 km，日均通行量超4 000辆次，有效提升了回龙观至上地的通勤出行效率。

2.1.2 北京市城市道路网络建设情况

北京市的道路主要由城市道路和公路组成。其中，城市道路划分为快速路、主干路、次干路、支路等；公路按照使用任务、功能和交通量可分为高速公路、一级公路、二级公路、三级公路、四级公路五个等级。

2.1.2.1 整体统计数据

根据《北京统计年鉴2021》，从1978年到2021年，北京市高速公路里程、城市道路里程等均在不断增加。北京市历年道路网统计数据见表2-4。其中，1978—1981年，道路统计范围为城八区及通县（现通州区）；1982—2002年，统计范围为城八区及14个县城；2003—2009年，统计范围为城八区和北京经济技术开发区；2010年起城市道路的统计范围为城六区[7]。

表2-4 北京市历年道路网统计数据

年份	公路里程/km	高速公路里程/km	城市道路里程/km	城市道路面积/万 m²
1978	6 562	—	2 078	1 611
1979	7 278	—	2 131	1 618
1980	7 487	—	2 185	1 664
1981	7 566	—	2 234	1 742
1982	7 683	—	2 671	2 098
1983	8 058	—	2 820	2 265
1984	8 271	—	2 828	2 393
1985	8 482	—	2 979	2 485
1986	8 995	—	3 038	2 559
1987	9 103	—	3 087	2 631
1988	9 124	—	3 151	2 701
1989	9 371	—	3 235	2 815
1990	9 648	35	3 276	2 905
1991	10 259	63	3 308	3 134
1992	10 827	71	3 189	3 212
1993	11 260	99	3 285	3 398
1994	11 532	112	3 316	3 470
1995	11 811	113	3 194	3 494
1996	12 084	114	3 665	3 807
1997	12 306	144	3 637	4 061
1998	12 498	190	3 721	4 214
1999	12 825	230	3 753	4 353

续表

年份	公路里程/km	高速公路里程/km	城市道路里程/km	城市道路面积/万 m^2
2000	13 600	268	4 126	4 921
2001	13 891	335	4 312	6 062
2002	14 359	463	5 444	7 645
2003	14 453	499	4 067	5 345
2004	14 630	525	4 073	6 417
2005	14 696	548	4 380	7 437
2006	20 503	625	4 421	7 289
2007	20 754	628	4 421	7 632
2008	20 340	777	6 143	8 940
2009	20 755	884	6 204	9 179
2010	21 114	903	6 313	9 395
2011	21 347	912	6 258	9 164
2012	21 492	923	6 271	9 236
2013	21 673	923	6 295	9 611
2014	21 849	982	6 426	10 002
2015	21 885	982	6 423	10 029
2016	22 026	1 013	6 374	10 275
2017	22 226	1 013	6 359	10 347
2018	22 256	1 115	6 203	10 328
2019	22 366	1 168	6 156	10 459
2020	22 264	1 173	6 147	10 654

2.1.2.2 城市道路网发展

为适应城市发展需要，北京城市道路设施和功能不断完善，逐步形成快速路、主干路、次干路和支路的城市道路新格局。

（1）快速路

从新中国成立初期对未来城市布局的探讨，至 1953 年提出以及 1957 年、

1958年修订的总体规划方案，均未提及城市快速路体系。后期随着城市发展，1982年规划方案首次提出快速路总体原则，1992年规划中首次上报快速路系统。

1992年，北京建设完成西北二环改造、南厢工程，二环路全线贯通，开启了城市快速路的高速发展时期；1994年，三环路建成通车；2001年，北京市快速路系统已建成二环路、三环路与7条放射线，四环路约完成总里程的75%。西外大街（2000年）、学院路（2001年）、德外大街（2002年）、万泉河路（2002年）、北城角联络线（2005年）等一系列城市快速路相继建成，打通了出城交通节点。2005年之后，莲花池东路、莲花池西路、通惠河北路、阜石路、蒲黄榆南延等一批城市快速路通车，市区快速路网系统基本形成。2010年，全市快速路通车里程达221 km[16]。

"十五"时期，城市快速路通车里程达到239 km[17]；"十一五"时期，城市快速路里程达到263 km[18]；"十二五"时期，建成快速路383 km[19]；"十三五"时期，建成快速路390 km[20]。

（2）主干路

从1993年起，经过拓宽、改建，以平安大街、两广路、朝阳北路为代表的一批城市主干路逐渐形成。2008年北京奥运会前后，北京市加强了长安街、前三门大街、朝阳路、奥运场馆周边道路等城市主干路的维修、更新，使城市主干路路容得到极大改善，设施日益完备，环境更加优美[16]。

"十一五"时期，全市列入主干路316条，总里程达679.27 km[18]。"十三五"时期，全市主干路总里程为1 020 km[20]。截至2021年年底，北京市主干路有316条，共计1 028 km，道路面积为3 717万 m^2。

（3）次干路和支路

由次干路和支路（含胡同）所组成的棋盘式城区道路网，在城市交通中发挥着重要作用，也是古城北京的特色。1991年之后，北京市加大对次干路和支路（含胡同）路面的维修和设施更新，充分发挥其传统交通功能，并利用旧城支路开辟自行车交通系统。

2000年之后，由于旧城改造和城市道路网完善需要，一些次干路和支路消失。同时，在市级商业区、中央商务区、奥林匹克公园、中关村科技园区等重点城市功能区，以及天通苑、回龙观等新建社区，出现了新的次干路、支路与城市主干路、快速路的连接通道，使区域道路网得到升级改造，缓解了城市交通压力。

2.1.2.3 公路道路网发展

1990年后，全市公路事业得到快速发展。30多年间，北京公路总里程大幅增加，公路技术水平、工程质量、通达程度得到大幅提高，公路整体环境发生了深刻变化。1990年年底，全市公路总里程（不含村道）为9 648 km，路网密度为0.574 km/km^2。1990年，京津塘高速公路（北京段）通车，此后，全市高速公路建设进入快速发展时期。

1993—1999年，京石高速（北京段）、机场高速、京沈高速、八达岭高速公路相继建成通车，随后京津高速（北京段）、京平高速、机场北线高速公路建成。

"十五"期间，市域公路网总里程达到14 696 km，新增1 096 km，比"九五"末期增长8.0%，其中高速公路总里程达到548 km，新增280 km，比"九五"末期增长一倍[17]。"十一五"时期，市域公路总里程达到21 114 km，其中高速公路达到903 km，到2009年，京承高速公路竣工及六环路全线通车，实现了"区区通高速"；干线公路里程达到3 462 km，二级及以上公路里程占干线公路总里程的比例从63.5%提高到88.6%，在全国率先实现了"村村通油路"[18]；到2010年，全市公路总里程（不含村道）达15 670 km，路网密度达0.932 km/km^2，按行政等级分，市级以上公路（含国道）达3 462 km，县乡公路达11 699 km。"十二五"时期，公路里程达到21 885 km，其中高速公路达到982 km[19]。"十三五"时期，北京市域内国家高速公路网"断头路"清零，冬奥会和冬残奥会、世园会保障项目、北京大兴国际机场配套道路建成通车。"十三五"时期，高速公路新增里程达191 km，总里程达1 173 km。其间，大力推进普通国市道建设，区域路网持续完善，全市公路总里程达22 264 km，较"十二五"末期增加了379 km，完成2035年城市总体规划目标（23 150 km）的96.2%，普通国市道二级公路以上占比达89.4%[20]。

2.2 道路工程技术发展

2.2.1 设计理念与标准

2.2.1.1 设计理念

道路的设计理念与社会生产需求的变化、交通量的变化、行人出行习惯等有着密切联系。20世纪80年代，由于城市人口密度和机动车保有量较低，北京市民的出行矛盾不明显；20世纪90年代中期，北京自行车保有量居全国各城市之首，自行车是市民出行的主要交通工具，市民出行需求旺盛；20世纪90年代末期，随着城市建设发展、人口数量和机动车保有量的快速增长，机动车通行需求矛盾明显；2016年以后，随着"以人为本"的城市管理发展思路的落实和绿色出行理念的深入，道路通行重心再次向慢行交通转变。这些变化在不同年代的典型道路断面设计中有着明显的体现。

（1）20世纪90年代——自行车优先的道路横断面

1992年，北京二环路实现闭环，西二环断面单向辅路宽为7~12 m，非机动车道宽为5.5~7 m（见图2-1）。1995年，有着千万人口的北京城，自行车数量已超过800万辆，每天上下班通勤的自行车以百万辆计，是名副其实的"自行车王国"，因此道路断面设计呈现"机动车道窄、自行车道宽"的状态，留有足够的步行、骑行交通空间。

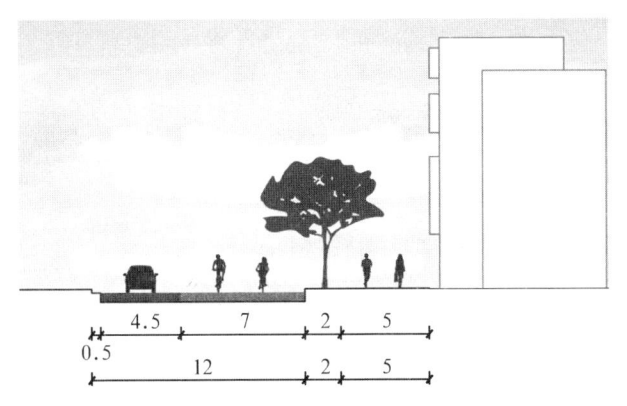

图2-1 自行车优先的道路横断面（单位：m）

（2）1999—2006年——机动车优先的道路横断面

随着经济发展与生活水平的不断提高，截至1999年，北京市民用汽车保有量将近100万辆，道路出现交通拥堵问题。为缓解市中心交通压力，解决二环路交通拥堵问题，北京市对北二环进行断面调整，调整后单向路宽为9~15.5 m，非机动车道宽为3.5~5 m，断面布置以通行机动车为主，如图2-2所示。

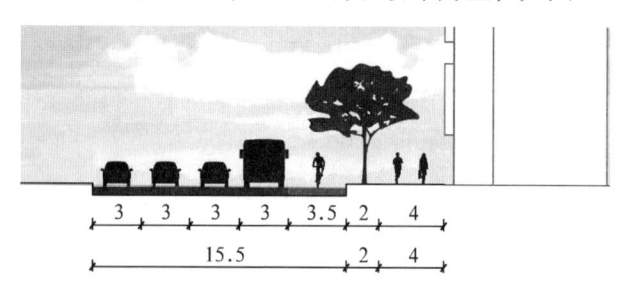

图2-2 机动车优先的道路横断面（单位：m）

（3）2006—2016年——机动车优先强化的道路横断面

在这个经济高速发展的阶段，城市道路建设也随之高速发展。截至2016年年底，北京市人口数量超过了2 000万，机动车保有量超过了600万辆。为服务城市发展需求，此阶段道路改造措施以增强机动车道通行能力为主，断面机动车道进一步增加，非机动车道宽度进一步压缩，慢行交通发展缓慢，如图2-3所示。

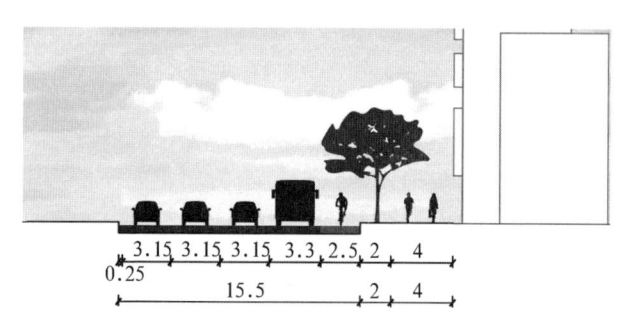

图2-3 机动车优先强化的道路横断面（单位：m）

（4）2016年至今——慢行系统优化的道路横断面

"十三五"期间，北京市大力开展慢行系统建设，对3 200 km城市道路的慢行系统进行改造。在充分了解道路通行功能、通行需求及出行特点的前提下，通过优化道路通行方式，调整机动车道数量、宽度，连通、拓展自行车道和步道，将非机动车道增宽至 3.85 m 左右，提升非机动车道通行空间，横断面布置以"慢行交通"为重点，兼顾机动车交通，如图 2-4 所示。

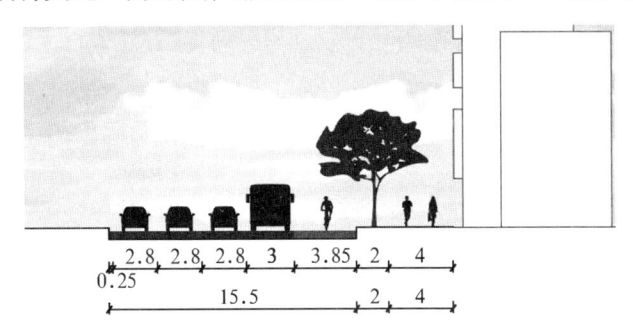

图 2-4 慢行系统优化的道路横断面（单位：m）

随着道路使用功能的变化，道路断面设计几度变换。现阶段，道路设计开始由强调功能性、重视"机动车交通"向"以人为本、慢行交通"的绿色出行方向转变。在道路建设过程中，设计者将道路与城市生活一并考虑。道路不仅具有交通功能，还要承担休闲、商业、景观等功能，设计时要满足各类人群的出行需求，不仅要考虑机动车驾驶者，更要考虑骑行者和步行者，打造便捷、安全、绿色、舒适的通行环境。具体而言，设计时主要考虑以下几个方面：

①融入城市设计，提升街区活力。

道路设计应符合城市规划，与城市风格、特色相协调。道路不仅仅是车辆通行的交通空间，还是保障安全、促进互动、展示魅力、激发活力的公共活动空间。道路设计的重点从满足生产的快节奏通行向更多关注人们的交流、休闲、健身、娱乐的慢生活转变[21, 22]，合理利用城市空间，适当布设城市家具、城市小品等，创造舒适、优美的城市空间环境，激发街区活力。

②强化无障碍设计，体现人文关怀。

道路设计过程中，要关注残疾人、老年人等弱势群体，强化无障碍设计，打造无障碍环境，消除他们在社会生活中的障碍，体现人文关怀。

③优化慢行系统设计，体现慢行优先。

对步行、自行车、公交等慢速出行系统进行重点设计，为市民提供绿色便捷的出行体验。道路设计时合理考虑机动车道宽度，适当提升慢行系统设计标准，注重市政道路慢行系统与滨河慢行系统、绿道等融合衔接，拓展慢行空间。

④注重景观设计，提升路域环境。

道路绿化景观可增强道路层次美和季节美，有效地达到防尘、降温、增湿、净化空气、吸收噪声的作用。行道树合理布设，可为行人提供林荫环境，提升慢行体验；下凹式绿地可促进城市雨洪管理，有效缓解城市热岛效应。

⑤践行低碳理念，材料绿色环保。

试点推广节能低排、环境友好型技术及材料，如再生技术、温拌技术、净味技术等，减少道路建设对环境产生的不良影响，减少资源投入。

⑥应用智慧科技，提升出行体验。

随着5G通信、无人驾驶等技术发展，道路设计时应考虑使用或预留智慧设施，为未来车路协同交互创造条件。

2.2.1.2 设计标准

城市道路的主要技术指标，由道路等级性质决定，指标的基本依据为道路宽度及设计车速。1990年之前，我国城市道路设计技术指标并没有正式规范，一般参考经验指标、国家试行规范及国外道路设计资料。

当时，主要的国内标准如下：

天津市市政工程勘察设计院城市道路技术指标：《道路设计手册》；

山东省建筑设计院厂区内部道路主要技术指标：《建筑设计资料手册》；

交通部1972年发布的《公路工程技术标准（试行）》；

交通部1977年发布的《厂矿道路设计规范》。

主要的国外标准如下：

苏联城市道路设计标准；

美国市区公路及城市街道主要技术指标；

英国城市道路主要技术指标；

日本道路设计主要技术指标：《道路构造令》《道路修建指南》；

法国城市快速道路等级指标：《法国快速道路等级标准》《法国装备部与住房部关于修正联结高速公路技术条件的技术指标的规定》；

德国公路技术标准《联邦德国公路技术标准》。

1991年，建设部发布行业标准CJJ 37—1990《城市道路设计规范》，对城市道路平纵横面、路基、排水、绿化等都进行了规范。其中路面设计主要分为水泥混凝土路面和柔性路面，柔性路面包括沥青混凝土路面、沥青碎石路面和沥青贯入式碎（砾）石路面，这几种路面可提供较好的行车舒适性。

2012年，为适应我国城市道路建设和发展的需要，规范城市道路工程设计，统一城市道路工程设计主要技术指标，住房和城乡建设部发布了行业标准CJJ 37—2012《城市道路工程设计规范》，原行业标准 CJJ 37—1990《城市道路设计规范》同时废止。该规范对原规范中各设计标准进行了较大更改，主要修订了原规范中的通行能力、道路分类与分级、设计速度、机动车单车道宽度、路基压实标准等内容；增加了道路服务水平、设计速度为 100 km/h 的平纵面设计技术指标、景观设计等内容；明确了平面交叉和立体交叉的分类和适用条件；突出了"公交优先""以人为本"的设计理念；强化了交通安全和管理设施的设计内容。

2016年，住房和城乡建设部对CJJ 37—2012《城市道路工程设计规范》进行了局部修订，依据海绵城市建设对城市道路提出的相关要求，对原有条文中道路分隔带及绿化带宽度、道路横坡坡向、路缘石形式、道路路面以及绿化带渗入及调蓄要求、道路雨水排除原则等做出相应修改或补充。2016年至今，城市道路设计主要依据该修订版规范。

由上述设计指标发展可以看出，城市道路设计标准经历了从无到有，从简略到逐步完善的发展历程，并根据时代需求一直在进行修订。

2.2.1.3　慢行系统设计

慢行系统的设计主要包括自行车道、步道、林荫绿道、交通组织等多个方面，其中影响通行能力的主要是道路部分的基础设施通行水平，可从规范的更新中看出慢行系统的发展。

CJJ 37—1990《城市道路设计规范》中，非机动车道路面宽度包括自行车车道宽度及两侧各 25 cm 的路缘带宽度，具体设计宽度由通行能力计算决定，由于时代因素，还需考虑兽力车、板车。非机动车道及人行道宽度规定见表2-5 与表 2-6。

表2-5 CJJ 37—1990《城市道路设计规范》中单条非机动车道宽度规定

车辆种类	自行车	三轮车	兽力车	板车
非机动车道宽度/m	1	2	2.5	1.5~2.0

表2-6 CJJ 37—1990《城市道路设计规范》中人行道宽度规定

项目	人行道最小宽度/m	
	大城市	中、小城市
各级道路	3	2
商业或文化中心区以及大型商店或大型公共文化机构集中路段	5	3
火车站、码头附近路段	5	4
长途汽车站	4	4

CJJ 37—2012《城市道路工程设计规范》中，取消了兽力车、板车的宽度标准，自行车和三轮车单车道宽度不变，并针对设置情况做了详细规定：

与机动车道合并设置的非机动车道，车道数单向应不小于2条，宽度应不小于2.5 m。非机动车专用道路宽度应包括车道宽度及两侧路缘带宽度，单向不宜小于3.5 m，双向不宜小于4.5 m。

对于人行道，将人行道原宽度进行了进一步调整（见表2-7），并要求设置无障碍设施，同时提出了设置行人二次过街安全岛的相关要求。当人行横道长度大于16 m时，应在分隔带或道路中心线附近的人行横道处设置行人二次过街安全岛，安全岛宽度应不小于2.0 m，困难情况下应不小于1.5 m。

表2-7 CJJ 37—2012《城市道路设计规范》中人行道宽度规定

项目	人行道最小宽度/m	
	一般值	最小值
各级道路	3	2
商业或公共场所集中路段	5	4
火车站、码头附近路段	5	4
长途汽车站	4	3

CJJ 37—2012《城市道路工程设计规范（2016年版）》中针对非机动车道

及人行道的宽度要求与2012版规范一致。

从对非机动车道及人行道设置规范的相关规定的变化可知，慢行道宽度指标在不断优化，2012年以来，慢行道宽度设计标准基本稳定。

近年来，随着城市道路设计理念不断转变，慢行系统设计越来越受到重视。2019年，北京市提出"慢行优先，公交优先，绿色优先"的三大发展理念，首次将"慢行优先"提到了第一位。2020年和2021年分别发布了DB11/1761—2020《步行和自行车交通环境规划设计标准》、GB/T 51439—2021《城市步行和自行车交通系统规划标准》，对人行道宽度进行了更加细致的划分，宽度标准相较以往更高。

为落实《北京城市总体规划（2016年—2035年）》要求，提升出行品质，建设步行和自行车交通友好城市，实现绿色出行，形成与国际一流的和谐宜居之都相匹配的交通环境，北京市规划和自然资源委员会组织制定了北京市地方标准DB11/1761—2020《步行和自行车交通环境规划设计标准》，该标准主要根据道路等级提出了相关宽度标准，分类进一步细化。具体规定见表2-8、表2-9。

表2-8 DB11/1761—2020《步行和自行车交通环境规范设计标准》中非机动车道宽度规定

项目	宽度
快速路辅路、主干路两侧	应为3.5 m
次干路两侧	应为3.5 m（困难情况下可为3 m）
支路两侧	应为2.5 m（流量较大的路段可为3 m）
单向通行的自行车专用路	不宜小于3.5 m（流量较大时根据流量预测确定）
双向通行的自行车专用路	不宜小于4.5 m（流量较大时根据流量预测确定）

表2-9 DB11/1761—2020《步行和自行车交通环境规范设计标准》中人行道宽度规定

项目	人行道宽度/m 推荐值	人行道宽度/m 最小值
快速路辅路、主干路	≥ 4.0	3.0
次干路	≥ 3.5	2.5

续表

项目	人行道宽度/m	
	推荐值	最小值
支路	≥3.0	2.0
学校、医院、商业等公共场所集中路段	≥5.0	4.0
火车站附近路段	≥5.0	4.0
长途汽车站附近路段	≥4.0	3.0
轨道交通出入口、综合客运枢纽出入口周边50m范围内	≥4.0	3.0

在 GB/T 51439—2021《城市步行和自行车交通系统规划标准》中采用了步行和非机动车分级策略，依据步行交通特征、周边用地与环境、所在交通分区、城市公共生活品质、流量等因素，将非机动车道和人行道划分为Ⅰ、Ⅱ两级，提出了不同分级下的宽度指标。具体规定见表2-10、表2-11。

表2-10　GB/T 51439—2021《城市步行和
自行车交通系统规划标准》中非机动车道宽度规定

项目		非机动车道宽度/m	
		一般值	最小值
自Ⅰ级		4.5	3.5
自Ⅱ级		3.5	2.5
自行车专用道	双向	4.5	3.5
	单向	3.5	2.5

表2-11　GB/T 51439—2021《城市步行和
自行车交通系统规划标准》中人行道宽度规定

项目		人行道宽度/m	
		一般值	最小值
步Ⅰ级		4.0	3.0
步Ⅱ级		3.0	2.0
特殊路段	商场、医院、学校等公共场所集中路段	5.0	4.0
	火车站、码头所在路段	5.0	4.0
	轨道车站出入口、长途汽车站、快速公交车站所在路段	4.0	3.0

2.2.2 道路建筑材料与施工

2.2.2.1 沥青路面

随着我国科学技术的进步和城市的发展，北京市道路路面材料的使用大致分为以下几个阶段[23]。

（1）20世纪50年代的沥青贯入式路面

这种路面结构，由于集料间的锁结作用和沥青的黏结作用，具有较高的抗剪强度，而且温度稳定性良好，冬季不易开裂，夏季不易产生拥包。

沥青贯入式路面的不足之处是施工难度大，成形期较长，对碎石的质量、尺寸及清洁度的要求都比较高，而且，不便于机械化施工和文明施工。为适应无轨电车等重载交通的需要，北京市曾于20世纪50年代中期采用15~20 cm厚的手摆块石作为沥青路面的基层。此种路面结构所用的大块石较贵，采用人工码砌，工程进度很慢。

（2）20世纪60年代的传统四层式沥青路面

传统四层式沥青路面是由沥青混凝土或沥青碎石面层、3~7 cm水结碎石联结层、天然级配砂砾基层、石灰土底基层四个结构层次组成的。这种沥青路面结构施工的机械化水平有所提高，碎石层和砂砾层可以在一定程度上减少石灰土底基层的收缩裂缝反射到沥青面层上来。不足是中间两层为散体结构，黏聚力很小，抗剪能力较差。最上面的沥青面层和最下面的石灰土底基层都是黏聚力较强的板体结构层。"两板"夹"两散"，结构组合明显不合理。在中、轻交通荷载条件下，尚能维持一定的使用年限。但是随着北京市交通量和汽车轴载的日益增大，20世纪80年代中期以后，这种路面已不能满足使用要求。

（3）1973—1985年用沥青稳定碎石作联结层的沥青路面

20世纪70年代以后，施工所用石灰岩碎石质量一度较差，不易碾压成形；一旦过碾，碎石失去棱角更不易形成结构。为促使其成形，经适度碾压后，在其上撒布2.5 kg/m² 左右的热沥青，称为沥青稳定碎石。但是因沥青稳定碎石联结层的沥青用量较少（与正规贯入式相比），在碎石中分布不均匀，碎石质量又不好，缺少棱角，碾压密度不够，嵌锁不力，造成该结构层强度低，不稳定。1985年以后，北京市已不再使用此种结构。

为了适应北京市日益繁重的交通需求，提升路面质量，研究更加科学合理的沥青路面结构组合和材料势在必行。北京市政工程各有关单位为此做了大量的研究工作。根据交通特点、材料来源、土质、水文及气候条件等实际情况，拟定了新的四层式沥青路面结构组合，如表2-12所示。

表2-12 四层式沥青路面结构组合

序号	做法	厚度/cm
1	沥青混凝土层	3/5/7
2	厂拌大粒径沥青碎石联结层	0/6/8/12
3	石灰粉煤灰稳定砂砾基层	0/15/20/25/30/35/40
4	石灰土底基层	15/15

（4）1985—2000年

1985年以后，北京市逐渐采用改良后的四层式沥青路面结构，道路的服务性能有了较大的提高。路面竣工时的平整度由过去的$\sigma=2\sim3$ mm改善为$\sigma=0.8\sim1.2$ mm；快速路的路面竣工摩擦系数为0.55~0.62，路表构造深度为0.87~1.07 mm；回弹弯沉值从过去的1.00 mm左右，减少为0.20~0.35 mm，使路面的使用寿命大大延长。

（5）2000年以后的多种材料路面

①沥青玛蹄脂碎石。

沥青玛蹄脂碎石混合料（Stone Mastic Asphalt，SMA）是由高含量粗集料、高含量矿粉、较大沥青用量、低含量中间粒径颗粒组成的骨架密实型沥青混合料，是国际上使用较多的一种抗变形能力强、耐久性较好的沥青面层混合料。由于粗集料的良好嵌挤，混合料有非常好的高温抗车辙能力，同时由于沥青玛蹄脂的黏结作用，混合料的低温变形性能和水稳定性也有较大的改善。在沥青结合料中添加纤维稳定剂，使其保持高黏度，可以达到较好的摊铺和压实效果。该结构间断级配在表面形成大孔隙，构造深度大，抗滑性能好。同时混合料的空隙又很小，耐老化性能及耐久性都很好，从而全面提高了沥青混合料的路面性能。2002年，北京市二环路进行改建，将原有的混凝土路面改为沥青路面，面层结构使用SMA进行铺筑，是该材料首次在北京市城市快速路上大规模应用。

②橡胶改性沥青混合料。

橡胶改性沥青（Asphalt Rubber，AR）是将用废旧轮胎制成的胶粉添加到基质沥青中组成的新型的复合沥青材料。与传统沥青路面相比，橡胶改性沥青路面的抗车辙、抗变形、抗裂性能得到提升，同时路面噪声降低，行车舒适性提高。

2009年，北京八达岭高速公路大修，使用橡胶改性沥青混合料铺筑上面层，是此项技术首次大规模在高速公路上应用。

③岩沥青改性沥青混合料。

岩沥青是石油经过长达亿万年的沉积、变化，在热、压力、氧化、触媒、细菌等的综合作用下生成的沥青类物质。研究和工程应用实践表明，加入岩沥青的改性沥青在高温稳定方面有较大的优势，能够很好地解决由大交通量、超重超载等情况引起的高等级沥青路面车辙、早期病害等问题，具有使用寿命长、性能稳定、抗疲劳强度高，以及抗水损和耐微生物侵蚀能力强等优势，可以显著提高沥青路面的整体使用性能。

2009年，在长安街大修工程中，岩沥青改性沥青混合料首次被应用，取得了良好的使用效果，为长安街大修融入了新的科技概念，同时也为"神州第一街"的坚久耐用做出了贡献。

④抗车辙沥青混合料。

抗车辙沥青混合料是通过调整矿料合成级配，采用添加改性沥青、天然沥青、抗车辙剂等方式，提高沥青混合料的高温稳定性，同时兼顾低温抗裂性、水稳定性以及耐久性。抗车辙沥青混合料具有良好的高温稳定性，可减少由交通荷载作用导致的路面变形，现在已广泛应用于新建、改建及养护类工程，尤其适用于长大纵坡路段、道路交叉口、公交车专用车道及公交车停靠站等位置，可有效延长路面使用寿命。

2008年东三环辅路大修时，对公交站以及公交站前后各30 m路段范围、进口车道距停止线 50 m 范围进行抗车辙处理，在混合料中添加抗车辙剂，取得了良好的抗车辙效果。这是此项技术首次大规模、系统性地在北京市主要环路大修中应用。

⑤湖沥青+热塑性弹性体（Styrene-Buta diene-Styrene，SBS）双改性沥青混合料。

湖沥青是天然沥青的一种，是石油在特殊条件下氧化聚合的产物，主要由沥青质、树脂、油分和部分不溶物组成。湖沥青作为一种天然沥青，性质稳定，可有效改善混合料的高温性能，并且其自身化学性质稳定，因此耐老化能力优越，疲劳耐久性好。除添加湖沥青外，为了获得更加优异的改性沥青路用性能，可在湖沥青改性的基础上再添加，形成"湖沥青+SBS双改性沥青混合料"。

湖沥青+SBS双改性沥青混合料是集天然沥青和改性沥青优点于一身的沥青混合料，高低温性能均衡，抗疲劳性能良好，是一种高品质、耐久性好的路面材料。但由于湖沥青产自国外且产量有限，因此价格相对偏高，一般多用于高等级道路建设或养护工程中。

2009年，为迎接国庆60周年，长安街进行大修，上面层采用湖沥青+SBS双改性沥青混合料，这是此项技术最重要的一次工程应用，取得了良好的工程效果。

⑥温拌沥青混合料。

温拌沥青混合料路面技术是近几年国际上研发并正在逐步推广应用的新技术。与相同类型的热拌沥青混合料相比，在基本不改变沥青混合料材料配合比和施工工艺的前提下，可使沥青混合料拌和温度降低30℃以上，性能达到热拌沥青混合料的要求。国内外大量研究和工程实践证明，采用温拌混合料技术可节省燃油，减少温室气体排放，减少沥青烟等有毒气体排放，是名副其实的高节能、低排放的高新技术。

从2005年4月起，北京市在我国率先对温拌沥青混合料技术进行研究，至2008年年底，已完成了二环路辅路等10多条温拌沥青混合料试验路和实体应用工程，并在2010年颁布了《北京市温拌沥青混合料路面技术指南》。温拌沥青混合料技术符合建设资源节约型、环境友好型社会的要求，顺应"人文北京、科技北京、绿色北京"的发展理念，有利于节能减排和可持续发展。

2.2.2.2 透水混凝土路面材料

我国于1993年开始进行透水混凝土与透水混凝土路面砖的研究，并于1995年成功研制出透水混凝土。随着透水混凝土应用范围的扩大，从2009年开始，我国出台了一系列规范和标准，如CJJ/T 135—2009《透水水泥混凝土路面技术规程》和标准图集《10MR204 城市道路 透水人行道铺设》等。

2004年，北京有5个示范区铺设了透水混凝土路面。2007年8月，北京市出台《北京市透水人行道设计施工技术指南》。2008年，北京在奥运会广场、停车场铺设透水混凝土面积约11.7万 m^2，利用在赛道周边设置截水沟等措施将经过透水混凝土过滤的雨水排入赛道内，实现场馆内雨洪利用，平均每年利用雨水约12万 m^3，雨水利用率约为85%。

2.2.3 道路养护与管理

新中国成立以来，北京市的道路养护大体可以分为简易路面养护、大量路面养护和精细化养护三个发展时期。

2.2.3.1 简易路面养护时期

新中国成立后，为迅速改变城市状况，北京市进行了三年多的大规模城市整治。道路养护主要采用"以工代赈"的方式，整修了大量胡同土路并进行简易养护，一般采取洒水保养、土沙封面、土路防尘等表面处理方法。为减少路面对车辆的磨阻力，有的土路还进行了碾压保养。对无基础砾石路面，采用肥黏土封面，利用其塑性指数高的特点延长使用周期。这些初级的养护对改善市容、保证交通、方便群众生活起到了较好的作用。通过对近百条胡同土路进行整治，初步改变了过去"无风三尺土，遇雨一街泥"的状况。

我国第一个五年计划时期，随着简易路面、过渡式路面的增加和交通量的不断加大，养护任务越来越重，这期间实行"分区分段，按级分等"的策略。道路养护采取在砾石路面上喷洒一层沥青进行路面养护的方法，但随后出现了路面大面积泛油的现象，以致行人粘鞋、车辆轮胎受滞，于是又采取了反复强加骨料（砂石）的措施，王府井大街、北新华街、南北池子、北沟沿等84条路线，都采取了这种临时措施。后来，科研人员进行科技攻关，通过改变沥青性能、添加混合剂等方式解决了这一存在多年的难题。

1955年，北京市开始在近郊大车道上修建粒料稳定土的过渡式路面。清华园至清河、东坝河至太阳宫、南苑至大红门、北苑至来广营、海淀至六郎庄、草桥至黄土岗、玉泉路至小屯等道路，铺装的都是这种过渡式路面。由于这批粒料稳定土路无基础，面层结构薄，造价低，虽对发展交通起到较好作用，但施工次年春天均出现大量的道路翻浆。1959年，翻浆的道路达到438 km，占这种道路总长度的46.9%。为解决道路翻浆问题，1960年开始北京市采取预防措施，即采用路基冰冻参数和湿度参数的经验公式，对翻浆部位进行预测预报，方便了施工和养护，减少了翻浆地段。

这一时期的养护方针为加强经常性的养护，着重改善低级路面路况，对碎石路、砾石路、粒料稳定土路、胡同土路进行沥青表面处理。1964年，低级路面占当时道路总长度的37.9%。经过"二五"和三年调整时期对道路的改造、改建，到第三个五年计划后期，基本上消灭了低级的过渡式路面。1970年，沥青混凝土路面、水泥混凝土路面已占道路总长度的88.1%。

2.2.3.2 大量路面养护时期

20世纪70年代中期，北京市对道路设施进行了全面普查。针对存在的坑槽、拥包、翻浆、松散、道牙缺失等状况，开展了大量补救性质的养护工作。对沥青路面发生的拥包、搓板、波浪现象，一方面从施工工艺入手，改进沥青混合料配比，另一方面使用专门的铣刨机将高突部位铣刨平整。这种养护机械投入使用后提高了养护效率和养护质量，年修补沥青路面达10万 m^2。对于水泥混凝土路发生的板体隆起的热胀现象，通过观测、研究，人们掌握了发生热胀的规律，提出了在车轴通过部位修建大伸缩缝的措施解决此类问题。经过多年观察，这一措施针对性较强，有利于水泥混凝土路面板体滑动，不仅可以减轻路面的热胀现象，对由胀裂引起的跳车现象也起到很大的缓解作用。

2.2.3.3 精细化养护时期

20世纪90年代以后，随着道路基础设施建设的高速发展，北京市的道路数量激增，道路养护任务逐步加重。为了规范全国城市道路的养护，国务院于

1996年颁布了《城市道路管理条例》。2005年，北京市在《城市道路管理条例》的基础上，针对实际道路情况颁布了《北京市城市道路管理办法》，划定了北京市道路分市区两级管理的格局，从路政、设施、巡查维修等方面对养护工作加以统一，也开启了道路养护的新篇章。

现阶段，城市道路养护主要参照2016年修订的CJJ 36—2016《城镇道路养护技术规范》，此规范在CJJ 36—2006《城镇道路养护技术规范》的基础上总结了我国近二十年来城市道路养护技术的科研成果和实践经验，同时借鉴了国内外的试验资料和标准规定，全面系统地规范了我国城市道路养护的各项技术要求，为提高城市道路的服务水平和道路设施的安全运行提供了技术保障。

2017年，习近平总书记指出，城市管理应该像绣花一样精细。北京作为首都，作为超大型城市的代表，道路养护更是拿出了"绣花"功夫：建立了以重大活动保障为根本，以保障城市运行为责任，以巡查维修为措施的工作思路；构建了设施管理、应急管理、路政管理、巡查管理、养护管理的工作体系；完善了以整体路网指标为目标，以单路、单元格管理和路网指标绩效考核为抓手的技术指标体系。综合采用大中小修、预防性养护和巡养一体化的多种措施，充分利用大数据、信息化手段，精细化开展北京城市道路养护工作。

2.3 典型道路工程项目介绍

2.3.1 长安街大修工程

2009年，为迎接中华人民共和国成立60周年，北京市政府对长安街进行了综合整修。伴随此次道路大修，同步进行了绿化整治和公交优化。此次大修根据不同路段实测的弯沉数据、路面破损状况、历年加铺情况以及交通量增长等实际情况，"量身"设计出7种不同的路面结构。为了减缓反射裂缝的产生，延长路面使用年限，提高路面平整度和耐久性能并保障行车舒适性，工程应用了多种新材料和新技术，如温拌SBS+湖沥青双改性SMA混凝土、抗车辙改性沥青混凝土以及温拌SBS改性沥青混凝土等。修葺一新的长安街首次实现了五上五下双向十车道的规划设计，大大提升了整体道路的通行能力。这次在大修中采用的透水砖、温拌沥青、热再生等新技术，不但体现了交通建设在节能环保、循环经济利用方面的理念，更是代表着北京交通不断向建设人文交通、科技交通、绿色交通迈进。

2.3.2 二环路预防性养护工程

北京二环路1992年9月建成通车，是中心城区的交通主动脉，长期处于交通饱和状态，交通压力极大。为了提高道路基础设施服务水平，2014年，北京市对二环路实施预防性养护，工程起点为景泰桥西，向西经西二环、北二环，终点至东二环朝阳门桥南，全长22.96 km（不含天宁寺桥桥区），约占整个二环的70%。预防性养护以整体超薄罩面方式为主，对路面采取病害处理、铺筑超薄罩面、检查井加固、桥梁附属设施维修等维护措施。该工程是北京城市道路上首次大规模应用预养护技术。二环路建成已有30余年，寿命远超设计时的15年，除2014年的预防性养护外，未进行大修，其设施功能基本完好，仍能正常承担北京市繁重交通的任务，显现了预防性养护的效果。

2.3.3 北京市三环路大修工程

三环路始建于20世纪70年代初期，20世纪90年代经快速化改造后形成环路，道路途经海淀、朝阳、丰台三区，全长48.2 km，是北京市重要的环城快速路，也是中心城区的交通主动脉之一。

2016年，距离三环路上次大修已有13年，主路已经达到道路预期使用年限。北京市随着经济发展，交通量增长迅速，三环路交通长期处于饱和状态。另外，环路两侧用地强度增加也加快了路面病害的形成，使得部分路段破损较为严重。为保证车辆行驶的安全性、舒适性，提高三环路的交通服务水平及城市品质，北京市交通委员会决定自2016年起对三环主路进行大修改造。

大修划分为东三环、西北三环、南三环3个区域，历时3年完成维修。对全部道路及沿线桥梁病害进行治理，对全线交通工程进行优化，同步对公交车道、公交站台、无障碍系统等一并进行完善。

根据道路病害的不同情况，工程使用了双改性沥青玛蹄脂碎石混合料（SBS+湖沥青）、双改性沥青玛蹄脂碎石混合料（SBS+岩沥青）、温拌改性中粒式沥青混凝土WAC-20C、中粒式抗车辙沥青混凝土KAC-20C、沥青碎石混合料ATB-30和橡胶沥青防水黏结层等多种材料，通过不同的组合形式，有针对性地解决了道路病害。大修施工时间均为夜间0时至5时，用实际行动将工程施工对社会交通的影响降到最小，是践行城市道路养护精细化管理的具体体现，也是现阶段道路养护服务"以人为本"的生动实例。

第三章 桥梁工程

3.1 总体情况

北京市现存于地上最早的桥梁是1192年（金明昌三年）建成的卢沟桥，发现埋于地下最早的桥梁是元代所建的万宁桥（俗称地安门桥、又称后门桥）。1939年以前，北京市跨越河流的道路干线主要依靠古代石桥维持道路交通。1939年，北京市开始在新辟路线上修建木桥。据不完全统计，截至1949年，北京市区各种桥梁共有120多座，但大多为临时性的木桥或半永久性的石台木梁桥。这些桥梁的车行道宽度标准、排洪标准和载重等级都比较低，且年久失修，基本处于无人管理状态。当时只有20多座永久性多孔联拱石拱桥，如天安门金水桥，清河广济桥，房山琉璃河桥，通县（现通州区）八里桥，颐和园十七孔桥、玉带桥，北海金鳌玉蝀桥，东便门喜凤桥等。这些石拱桥设计精巧，工艺成熟，代表了我国的桥梁工程建设的发展水平。

中华人民共和国成立后，桥梁建设进入了蓬勃发展的新阶段。20世纪50年代，北京城区的桥梁建设主要围绕修、整、扩三个层面综合推进，业界称为护城河、木桥恢复时期。到1956年，随着城市建设的发展，北京市筹备成立市政设计院（土工实验室），从此有了市政建设的"国家队"，城市基础设施步入规范化建设快车道，桥梁建设迎来了快速有序的发展时期。

20世纪70年代中期，北京市的基础设施建设主要是进行城区路网建设。当时交通量较小，桥梁的建设以跨河桥为主。20世纪70年代后期到80年代，随着北京市区交通量不断增大，车辆保有量不断增加，城市主干道拥堵情况逐渐加剧，城市道路及其桥梁被赋予了新的功能，道路立交桥应运而生，通过桥梁与上下各层道路之间相互连通或相互分离，有效缓解了城市道路交通拥挤问题。同时，为改善城市交通干线的车辆行驶条件和方便行人过马路，地下通道和人行天桥也逐渐发展起来。代表性工程主要是二环、三环等城市快速路及城市放射线的建设。20世纪90年代到2000年，四环路、五环路的建设被提上日程，并开始全面进行。此阶段桥梁的设计与施工技术趋于成熟，结构形式不断优化，新材料、新技术不断涌现。2000年以来，北京市路网建设不断完善，六环路、快速路的改扩建等重点工程陆续上马，设计精巧，应用新技术、新工艺的立交桥脱颖而出，成为首都市政工程的新亮点。

北京市的桥梁按照其功能和作用可分为跨河桥、道路立交桥、人行天桥与地道、跨铁路桥和公园桥等。

3.1.1 新中国成立初期—20世纪70年代中期

1949—1952年，北京市政工程建设的迫切任务是迅速整顿原有破败的市政设施，桥梁建设主要是对原有的旧桥进行有计划的整修改建。1949年9—11月，拓宽了建国门城墙豁口，之后又在城外护城河上新建了一座木桥，这是北京在新中国成立后兴建的第一座桥梁。1950年第四季度，在内城的城墙上又开辟了月坛北街、车公庄、新街口、雍和宫、东四十条、雅宝路等六个豁口，跨越护城河上各建起一座木桥，沟通市中心区对外的交通。1951年，北京市开始对现存桥梁的结构形式及尺寸进行全面调查，并逐桥建立技术档案。

20世纪50年代，是北京大规模城市建设的启动期。初期就是打通卡口，改造旧桥，并根据城市路网规划配合修建桥梁。这期间，先后修建了100多座桥梁，其中护城河上70%的桥梁都进行了拆除改建。当时的北海大桥桥面狭窄，导致交通拥挤混乱，事故频发，改建后桥面宽为34 m，实行了人车分离，解决了拥堵问题。20世纪50年代中期，为配合修建永定河引水渠，沿渠修建了中型桥梁27座；20世纪50年代末，修建密云水库时，原有的密古公路改建，沿线共修建大桥2座、中小桥10余座。这些工程对改善北京市的国计民生发挥了重要的作用。

1960—1965年，国民经济处于战略调整期，北京市的基本建设投资放缓。

桥梁建设主要以配合兴修水利和战备为主。20 世纪 60 年代初期，为配合京密引水工程，先后修建了 46 座桥梁，并按功能要求分为 4 个等级：一是可通行 17~30 t 汽车的重载桥梁；二是通行 8~10 t 汽车的轻载桥梁；三是行驶农用拖拉机的农用桥和行人桥；四是引水渠经过公园的桥梁[24]。20 世纪 60 年代后期，兴建东南郊排涝工程（一期）后，修建了 50 多座桥梁。

1966 年开建的阜成路立交桥、车道沟立交桥、八里庄立交桥等三座既跨路又跨引水渠的立交桥，开创了北京市修建立交设施的先河。

1972 年，城区围绕地铁工程建设了复兴门立交桥。复兴门立交桥是北京市区第一座规划和建造的跨越道路的互通式立交设施，呈长条苜蓿叶形，也是北京市第一座预制与现浇相结合的变截面预应力混凝土连续梁桥，桥梁设计技术获得重大突破。复兴门立交桥的建设标志着北京市城区立交时代的开启。

3.1.2　20 世纪 70 年代后期—20 世纪 80 年代中期

20 世纪 70 年代中期，国务院关于解决北京市交通、市政公用设施等问题的批复得到贯彻实施。这一时期建设的重点是以提高市区干道通行能力为目标，在规划的快速路上有计划地建设立交桥，不断打通交通卡口、堵头。

1979 年，为开发北京西部地区和进一步缓解市中心交通压力，开工建设自木樨园经公主坟至白颐路口的道路工程，为配合道路施工，沿线先后新建或改建了万寿桥（时称长河桥）、北洼东桥、玉渊潭桥、八一湖桥、玉南路桥、莲花河桥、凉水河桥、丰草河桥、水衙沟桥和管头铁路箱涵。进入 20 世纪 80 年代，城区主要建设了自复兴门经西直门、东直门至建国门道路（今二环路），在路段上修建了阜成门、西直门、德胜门、安定门、东直门、东四十条、朝阳门、建国门 8 处立交桥，形成北二环，并与崇文门东大街、前三门大街连成一个道路环。这些立交桥在设计、施工、材料等方面，都注入了许多新的建设元素，成为当时城市桥梁建设的新地标。比如：西直门桥为快、慢车分行，组成高架转盘桥；建国门桥是北京城区最早建成的 3 层苜蓿叶形互通式立交桥，主桥采用预应力混凝土简支箱梁。各桥的下部结构大都采用经过试验研究分析的薄壁墩结构或不设盖梁的排架墩柱等。

为了改善东三环和北三环的拥堵情况，北京市在5个交通严重拥堵的路口修建了立交桥。1984年修建了三元桥（时称牛王庙立交桥）。之后又相继修建了安贞桥、马甸桥、蓟门桥、六里桥等立交桥。打通了马家堡路，并在马家堡、夕照寺、东管头道路与铁路的平交口修建立交桥。其间还配合六里桥至北京与河北省交界的京石高速（北京段）、首都机场高速、京津塘高速北京段（含联络线）、京榆高速（北京段）等多条高速公路建造了多处跨线立交桥、跨河桥、通道、铁路顶进箱涵及人行天桥。

3.1.3　20世纪80年代后期—20世纪90年代中期

1986年，北京城市道路建设史上一项重要的战略工程被提上议事日程，这就是"打通两厢、缓解中央""建设二、三环快速路"。

这项战略工程催生出一个修建道路桥梁的高峰期，仅二环、三环路上就先后修建了各式立交桥70座、过河桥6座，到1995年年底，北京市大型立交桥总数达到84座。这一时期，北京市立交桥梁建设表现出以下特点：一是规模大。1991年建成的天宁寺、菜户营立交桥均为3.6万 m^2，1993年修建的大北窑高架桥规模最大，长达1.7 km，面积为5.76万 m^2，当时桥梁面积超过1万 m^2 的立交桥已有25座。二是速度快。三元桥从开工到建成通车历时9个月，四元桥的面积是三元桥的3.7倍，工期仅为1年。三是新技术应用。从桩基到桥面，预应力技术、现浇混凝土技术、预制拼装桥梁的快速施工技术在这一时期都得到了广泛应用[25]。

1987年，包括东南二环道路工程和南三环东段道路改造工程在内的东厢工程开工（见图3-1）。北京市开始修建东便门至广渠门、左安门段，同时修建了东便门桥、广渠门桥、光明桥、左安门桥、玉蜓桥5座立交桥。其中东便门立交桥是一座机动车与非机动车分行的定向式喇叭形互通式立交桥，它3次跨越护城河，3次穿越铁路。二环路工程共建桥梁14座，桥梁面积为1.45万 m^2。南三环路上木樨园桥破土动工，标志着三环快速路建设工程的开始，北京市先后建成了木樨园桥、赵公口桥、刘家窑桥、东铁营桥和方庄桥共5座立交桥。1990年9月，完成了刘家窑至分钟寺的道路桥梁建设，东厢工程结束。

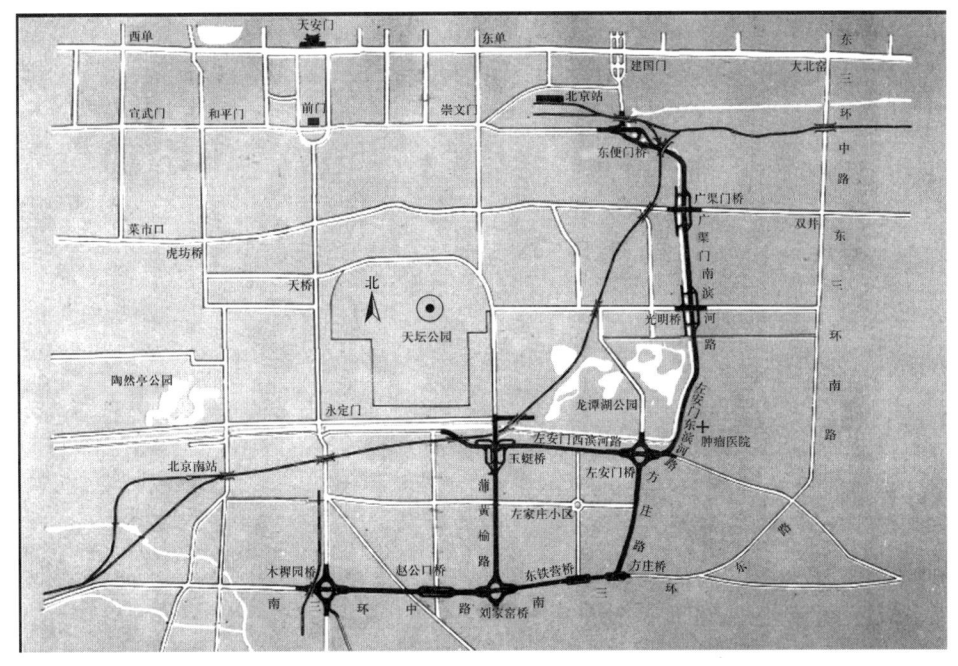

图 3-1 东厢工程示意图

1989年9月，为了迎接第十一届亚运会，分解由京津塘高速公路带来的交通压力，北京市政府决定对南三环路进行改造，使其成为全封闭的城市快速路。为此，在南三环路上又先后修建了分钟寺桥、十里河桥、洋桥、万柳桥、丽泽桥、丰益桥共6座立交桥。

20世纪90年代，北京市重点开展由城区向四周辐射的快速路建设，首都道路桥梁建设进入飞速发展阶段。这一时期，环路上大量大型立交桥相继建成，立体化、网络化的城市道路交通格局初步形成，诞生的数百座立交桥成为首都北京的一张新名片。

1990年9月，北京市开始修建西厢工程中复兴门至西便门、广安门至菜户营段，全长4.94 km。沿线共建设了西便门桥、天宁寺桥、广安门桥、白纸坊桥、菜户营桥5座立交桥。

1991年11月，南厢工程中菜户营立交桥东段至玉蜓桥西段开始修建，全长5.2 km。新建右安门桥、陶然桥、永定门桥、景泰桥4座立交桥，8座地下通道。1992年12月，重点工程南厢工程完成。至此，二环路全线通车，全长

32.7 km，包括立交桥 32 座，人行过街天桥 19 座，地下通道 29 座。

1991 年，北京市进行东三环道路改造工程，由三元桥至十里河桥，共长 10 km 有余，分两期进行施工。第一期工程是劲松东口及以南道路的改造，沿线修建了华威桥、潘家园桥和劲松桥 3 座立交桥；第二期工程是劲松东口以北道路的改造，于平交路口新建分离式立交桥 7 座，并新建人行过街天桥 8 座。其中，大北窑立交桥施工中首次采用了预应力混凝土钢箱组合连续梁结构，配以大量异形预应力混凝土箱梁和钢筋混凝土异形板，使施工技术有了新的突破。

1993 年 10 月，北京市决定改建西三环道路。此工程是实现"打通两厢、缓解中央""建设二、三环快速路"战略部署的封关之战。工程全长 21.5 km，东起三元桥西北端，沿三环路至西三环的六里桥北端。主要道路交叉口新建立交桥 10 余座，包括曙光路立交桥（现三元西桥）、和平里立交桥（现和平东桥和和平西桥）、北太平庄立交桥（现北太平桥）、大钟寺立交桥（现联想桥）、双榆树立交桥（现四通桥）、三义庙立交桥（现苏州桥、为公桥和万寿桥）、车公庄立交桥（现花园桥）、阜成路立交桥（现航天桥）、玉南路立交桥（现普惠桥）、公主坟立交桥（现新兴桥）和莲花池立交桥（现莲花桥）；改造破旧立交桥 1 座——蓟门桥；新建 2 座铁路立交桥，即安达铁路桥（时称京包线铁路立交桥）和太阳宫铁路桥（时称和平里铁路立交桥，此桥还包括东、西两座公路桥）；重建 6 座跨河桥，即长河桥、土城沟桥、西坝河桥、玉渊潭桥、紫竹桥和八一湖桥；新建 27 座人行过街天桥，面积为 2.2 万 m²；新建、改建地下通道 4 座。

三环快速路自 1987 年开始建设至 1994 年国庆节前竣工，历经 7 年，先后经历了东厢工程、南三环路改造工程、东三环路改造工程和西北三环路改造工程 4 个大的施工阶段。共建设 44 座立交桥，9 座跨河桥，62 座人行天桥，15 座人行地道。三环路的改造工程极大地缓解了城市的拥堵压力。

1990 年北京举行第十一届亚运会之前，四环路的部分路段（主要是北四环学院路到四元桥路段）就已经建成通车。但四环路的整体建设持续了 10 余年，到 2001 年 6 月，四环快速路全线贯通，全长 65.3 km。整个四环路共有立交桥 75 座、高架桥 7 座、铁路桥 6 座、跨河桥 16 座、人行过街天桥 42 座、地下通道 25 座。

3.1.4　20 世纪 90 年代中后期—2010 年

世纪之交，北京市的城市路网建设进入成熟期。到 2009 年，五环、六环路先后全线贯通。

五环路全程共架设大小立交桥 70 余座，桥梁总数 322 座。其中大型互通式立交桥 13 座、一般互通式立交桥 1 座、分离式立交桥 55 座、人行天桥 16 座、地下通道 23 座、铁路顶进箱涵 6 处。立交桥中有 11 座属于特大桥，包括北京第一座转体斜拉桥——石景山南站高架桥，以及五元桥、五方桥、肖家河桥等。五元桥是五环路上规模最大的立交桥，同时跨越机场高速公路和京顺路，由十几条定向匝道组成，五环路上类似的特大互通式立交桥还有 7 座[26]。

为缓解城区和人口扩张造成的交通拥堵压力，从 1995 年到 2010 年的 15 年间，北京市先后建成 17 条快速路辐射线、2 条快速路联络线，总长度约为 94 km。2008 年，全长 12.4 km 的阜石路一期高架桥建成通车，东起西四环定慧桥，西至西五环晋元桥，是全封闭的连续高架桥，也是北京首座无出口快速高架桥。阜石路二期高架桥工程于 2010 年建成通车，全长 9.6 km，东起五环晋元桥，西至六环外双峪路口，包含 1 座连续高架桥、3 座立交桥、1 座跨河桥。

到 2010 年，全市城市道路总里程达 6 355 km，形成了快速路、主干路、次干路和支路的城市道路网，其中包括 1 855 座桥梁。

3.1.5　2011 年至今

虽然北京市大规模的城区道路设施建设已基本收官，但城市重点区域的发展仍离不开道桥设施的建设，同时部分桥梁服役多年，也逐渐进入需加强维修保养的新阶段。近年来，北京市不断加强桥梁大修维护工作，包括桥梁抗震改造、车辙治理、桥梁安保、道路桥梁检测等日常养护工作。

北京地区首座双塔双索面斜拉桥——潮白河复兴大桥于 2018 年顺利建成通车，世界上第一座双塔斜拉钢构组合体系桥——新首钢大桥于 2016 年 6 月正式开工建设，2019 年 1 月 18 日完成合龙。2021 年年底，京密快速路一期开工，工程全长为 10.3 km，桥梁占比 80% 左右，其中特大桥 2 座，并新改建 4 处互通立交桥。

为了更好地串联中关村科技园、未来科学城、回龙观、天通苑等多个重点功能区域，2022 年，北京市规划了一条东西向快速通道——北清路快速路。该快速路全长为 8.9 km，全线为高架桥结构，随路新建枢纽立交桥 2 座、菱形立交桥 1 座、跨河桥 4 座。项目完成后，北清路将升级为三上三下的高架城市快速路，并与京藏高速公路各方向实现互通，解决拥堵难题。

3.2 技术特点

3.2.1 设计方法

我国的桥梁设计计算，经历了一个不断发展的过程，从早期的手算到 20 世纪 70 年代开始应用电子计算机，从空间问题平面化到三维空间建模计算。西二环复兴门立交桥设计建造时，仍然采用手算方法。到 20 世纪 80 年代，利用电子计算机进行桥梁设计还只是停留在小规模、单一的程序设计方面，比如进行断面几何特性的计算、钢筋混凝土构件断面计算、影响线加载、桥梁横向分布计算、简单的杆系（静力、动力）计算以及计算机绘图等方面。20 世纪 90 年代，开始全面使用 CAD（Computer Aided Design，计算机辅助设计）绘图系统及各种有限元计算软件，大大缩短了设计周期，提高了设计优化程度，减少了设计图纸中的差错。有限元分析方法最先应用在航空航天领域，后来被应用到桥梁设计领域，使得桥梁空间分析、非线性分析等人工计算不能考虑的问题得以解决，促进了桥梁的发展。

现如今，设计者们注重结构体系的改善、设计理念的创新以及新技术的应用，采用融合 BIM（Building Information Modeling，建筑信息模型）与三维有限元计算的技术贯穿设计、施工及运营管理等各个环节，考虑桥梁加工制作、运行养护的全寿命需求，实现自动化、智能化、精细化设计。

3.2.2 结构形式

随着时代的发展，桥梁结构形式经历了由木桥、石桥到混凝土结构桥、钢结构桥等的发展过程。目前，北京市桥梁按上部结构形式可分为：混凝土简支梁桥、混凝土连续梁桥、混凝土异形板桥、钢结构桥、钢-混凝土组合结构桥、拱桥及梁-拱组合桥、斜拉桥和悬索桥等。

3.2.2.1 混凝土简支梁桥

1949—1954年，市区内桥梁以木桥、石桥为主。1955年，在门头沟河滩北京市修建了中华人民共和国成立后第一座现浇钢筋混凝土桥[27]。当时建造的一些中、小型桥，如白石桥、虹桥、西北旺桥、太舟坞桥、韩家川桥等均采用现浇钢筋混凝土板梁。

1957年，北京市设计建造了第一座装配式钢筋混凝土T形梁桥，即德胜门外马甸居民区桥，该桥跨径7.5 m。1958年，在前三门护城河疏浚工程，即前门、和平门和宣武门三座桥的修建中推广了这种装配式钢筋混凝土T形梁，这三座桥的跨径长度为8.7~22.2 m。随后其开始大量投入使用，并被编成标准图，逐渐成为跨河桥的基本结构形式。北京市顺平公路俸伯桥为11孔，每孔跨径为22.2 m，全长为244.2 m，为当时最大的装配式钢筋混凝土T形梁桥[28]。

早期的装配式钢筋混凝土T形梁桥多采用具有焊接骨架的薄腹T形梁。到20世纪60年代中期，对跨长15 m以下的桥梁开始采用绑扎钢筋的宽腹T形梁，与此同时，为简化模板和整体连接构造，开始研究无中间横隔梁的T形梁桥，并于1966年在三雁公路安家庄设计修建了第一座这种桥梁。随后又研究了无中间横隔梁的整体连接形式，提出横向铰接的构造方法。1967年，研究人员完成横向铰接梁（板）的荷载横向分布系数计算表。1968年，研究人员对铰接梁的车行道板进行构造性试验研究，简化了配筋[28]。

预应力技术在北京城市桥梁中的应用最早的，是1960年在永定河灌渠上按照苏联标准图修建的一座跨径为20 m的预应力简支梁桥。1963年，北京市自行设计建造了一座跨径为22 m的预应力简支梁桥，但当时预应力设计、施工及设备技术还不够成熟，20世纪六七十年代修建的桥梁主要还是以普通钢筋混凝土结构为主。到20世纪80年代初，预应力技术逐渐成熟，开始在桥梁工程中大规模应用[29]。20世纪90年代常用的梁桥有预应力混凝土空心板、预应力混凝土T形梁、预应力混凝土组合梁（预制工字梁现浇混凝土桥面）。空心板的标准跨度为13 m、16 m、20 m、25 m；预应力混凝土T形梁桥的标准跨度为25 m、30 m、40 m、50 m；预应力混凝土组合梁的标准跨度为20 m、25 m、30 m、40 m[30]。预制装配式简支桥经过多年实践，已经成为技术成熟、使用广泛的桥梁结构，基本实现了定型化、标准化。如北京二环路改造工程及东三环工程的13座立交桥，桥长都在170 m以上，最长的约为1.8 km，大量采用了预应力T形梁结构。

北京市市政工程研究院经过对后张法预应力工艺及设备的研究，于1974年先后成功研制出三种钢绞线锚具：星型钢锚、自锚型钢锚、内胀式钢锚[27]。

3.2.2.2　混凝土连续梁桥

普通钢筋混凝土连续梁桥，在20世纪60年代以前仅在个别工程中采用过。20世纪70年代，修建二环路立交桥时，为减少桥梁高度，以使结构轻巧、美观，设计了一批肋板式钢筋混凝土连续梁桥，如德胜门桥、安定门桥、东直门桥、朝阳门桥等立交桥。这些桥梁的中跨跨径最大为28 m[28]。

20世纪70年代中期，后张法预应力技术得到了推广。1974年4月，二环路复兴门立交桥通车，随后在北京的二环、三环、四环等城市快速路的建设中，设计了大量的预应力混凝土连续梁桥，包括阜成门桥、东便门桥、蒲黄榆桥、刘家窑桥、安惠桥、紫竹桥等。

复兴门桥是北京市第一座采用预制和现浇相结合的变截面预应力混凝土连续T形梁桥[28]。桥梁全长42.37 m，中孔跨度为25 m，两边孔计算跨度为8.25 m，主梁采用预制工形梁，安装就位后就地浇筑接头混凝土将主梁构件连为整体，再进行主梁预应力张拉。桥梁下部结构采用扩大基础、柱式墩、重力式桥台，墩顶不设盖梁。为适应地基的不均匀沉降，上、下部结构横向分成三段施工，设计混凝土强度等级为450 kg/cm^2。

预应力混凝土连续箱梁设计技术在不断地进步和优化，梁的高度不断减小，腹板厚度趋向由厚变薄，箱梁的中横隔梁也逐渐减少，同时高强度低松弛钢丝、高标号混凝土不断得到应用，使得立交桥在承载力满足设计要求的同时又可呈现相对优美的造型。1975年设计的二环路阜成门立交桥，首次采用了三跨变截面预应力混凝土连续单箱多室箱梁，桥宽达40 m，上下行未分幅，采用单箱11室厚壁箱梁。而到20世纪80年代至90年代设计的连续箱梁，大都改为上、下行分幅单箱单室，小部分为单箱双室，连续每联的总长度也由40~50 m增至100~200 m。20世纪70年代，箱梁的预应力束主要设置在腹板内，导致其腹板偏厚，到了20世纪80年代后期，预应力钢束的1/2~2/3设置在腹板内，1/3~1/2设置在顶、底板内，提高了预应力钢束的利用效率[29]。

在城市立交桥中，弯、坡、斜桥必不可少，其中混凝土连续梁桥占很大比重。北京二环路东便门立交桥中的10号、11号、12号桥，由于其河道与道路均位于曲线上，两者相交不足30°，为不使河道水流受多柱式桥墩阻碍，首次采用了独柱支撑双向预应力连续曲线箱梁结构，并且为了调整弯桥的扭矩，将独柱偏心设置。天宁寺立交桥1号及3号匝道桥半径为39.5 m，桥宽为15.5 m和11.5 m，跨径为19.97~22.34 m，采用了偏置独柱大悬臂的钢筋混凝土连续弯板结构。京周公路立交桥、天竺立交桥、北皋立交桥都采取类似的独柱支撑预应力连续箱梁方案，将斜桥化作正桥[31]。

在城市高架桥建设高峰时期，由于受地形、占地面积等因素影响，为了减少桥梁下部结构与地面道路或其他构筑物的冲突、增加视野，高架桥尤其是匝道部位多采用独柱支撑方式，这在当时是城市和公路桥梁普遍的做法，但是标准规范中对结构整体倾覆稳定性验算的规定并不完善。后来，由于2012年发生了哈尔滨阳明滩大桥超偏载垮塌事故，2019年发生了无锡312国道锡港跨桥超偏载倾覆事件等，独柱支撑桥梁荷载偏心引起的横向稳定性受到重视。2012年哈尔滨阳明滩事件发生后，北京市对独柱支撑桥梁进行了普查，并采取了消除隐患的加固措施，包括将墩梁固结、墩柱顶部设置扩大头或采用Y形墩以设置双支座，加强横向限位设施等。

3.2.2.3 混凝土异形板桥

由于城市道路线形极其复杂多变，在立交桥的主体结构与匝道分岔处常需因地制宜设计一些形状不规则的异形结构桥。北京市较常采用板桥和肋板式异形板结构。异形板桥与建筑上的无梁楼盖类似，上部结构为不规则的平面形状实体板，下部墩柱根据桥下空间和受力需要确定位置且直接支承在板体上。

20世纪80年代至90年代，北京市建设了很多异形板桥，如广安门桥、光明桥、广渠门桥、劲松桥、国贸桥、新兴桥等，并在匝道分叉处均设置了异形板结构。以国贸桥为例，桥梁建成于20世纪80年代后期，于20世纪90年代中期进行了二期改造，全长1 058.80 m，共39跨，由南向北第 ⑨#~⑩# 轴、第 ⑳#~㉑# 轴均为17.8 m+17.8 m的钢筋混凝土异形板结构。异形板高0.76 m，中支点横梁高3.16 m，南北向长约35.6 m，东西向宽约32.5 m，中墩为尺寸1.5 m×2.0 m的独柱墩，上接球形固定支座，边墩为双柱墩，上接预应力混凝土盖梁与普通板式橡胶支座。1988年建成的光明桥在主桥东西两端和南北匝道相接处为多点支撑十字形异形板，中间由10根圆柱围成直径28 m的圆柱，柱顶支撑在板上，圆柱间距为8 m，板厚为0.75 m。广安门桥主桥两端和引桥、匝道相接处共有四块异形板，均呈"丁"字形，异形板支撑间最大跨径为26 m，板厚为0.76 m[32]。

异形板桥的优点是能够实现城市桥梁复杂的平面变化，结构较薄，在立交桥结构中适应性较好。但因为形状和约束位置的不规则，异形板的内力分布也极不规则，尤其是作为多次超静定结构，异形板对基础不均匀沉降极为敏感，当桥梁基础受到外力干扰时，上部异形板易产生裂缝。北京地铁10号线二期工程穿越西三环新兴桥北端异形板时，因为差异沉降超过异形板的承受能力，产生了百余条混凝土裂缝。

3.2.2.4　钢结构桥及钢-混凝土组合结构桥

钢结构具有强度高、韧性好、自重轻的特点，并且可在工厂预制桥梁构件，减少现场作业时间，更适用于城市立交桥，但中华人民共和国成立后相当长一段时间，由于钢材供应匮乏，钢结构桥梁发展缓慢。

北京市第一座连续钢箱梁桥是建于1986年的大北窑立交桥。大北窑立交桥跨越东三环，主桥上部结构为3孔变截面连续钢箱梁，全长105 m，跨径为

（33+39+33）m，由4个单室箱梁组成，钢箱底板宽3.1 m，顶板（含翼缘）宽分别为4.25 m和4.5 m，顶板、腹板的钢板厚度为12 mm，底板采用16 mm和20 mm厚的钢板，正交异形钢桥面板，橡胶沥青混凝土铺装。下部结构每墩为两个薄壁T形钢桥墩，天然地基条形基础。这是北京城市立交工程中首次使用连续钢箱梁，是改善闹市路口交通的新尝试。2017年修建的新首钢大桥（斜拉桥）主跨跨径为280 m，主梁为钢箱结构，桥面最宽处达54.9 m，是我国桥面最宽的一座钢桥梁。

自1985年北京市第一座钢-混凝土组合结构人行天桥建成开始，组合结构桥梁因为具有截面高度小、自重轻、施工灵活且造价低于纯钢结构等特点，在北京得到广泛应用。钢梁以工字形截面和箱形截面居多，钢梁与混凝土桥面板之间通过剪力连接件组合在一起，后来发展了预应力钢-混凝土组合结构桥梁，进一步减小了截面高度和自重。1992年建成的积水潭立交桥是北京市第一座车行组合结构桥，到21世纪初，北京已建成近50座组合梁桥。

1994年6月，位于北京西三环与阜石路相交处的航天桥立交桥建成，主桥采用三跨且跨径为（44+64+44）m的预应力钢-混凝土组合连续梁桥，主桥分为两幅，每幅桥宽14 m，由3个宽2.6 m的单室箱梁组成，桥面板通过焊钉与钢梁组合在一起，下部结构采用Y形墩。上部结构采用了分段组合、分段预应力施工法，通过对连续梁负弯矩区施加预应力，改善了受拉区混凝土板的应力状态。三义庙立交桥、木樨地立交桥、朝通立交桥等桥梁均采用了该类结构，桥梁跨数由3发展到5，跨径由30多米发展到70 m。

2003年建成的北京五环路跨京山铁路桥，选择了能够一次跨越铁路的大跨钢-混凝土组合连续箱梁，跨径为（48+72+48）m，桥面宽28.5 m，钢箱梁高2.3 m，混凝土桥面板厚27 cm。由于混凝土顶板尺寸限制，无法放置足够的预应力钢束，所以采用体外预应力技术改善了箱梁应力状态[33]。

2013年，北京市首座变截面钢桁架混凝土组合梁桥建成，该桥跨越温榆河，桥梁全长236 m。主桥为三跨，跨径为（73+90+73）m，桥梁宽度为40 m。全桥分为两幅，共设8榀钢桁架，主桁间距为5.37 m，各桁架之间由工字形上下横梁连接，钢桁架上设0.3 m厚CF50钢锭铣削型钢纤维补偿收缩钢筋混凝土桥面板[34]。

钢结构桥梁及钢-混凝土组合结构桥自身性能优越,造型简洁优美,一座座立交桥成为首都城市空间亮丽的风景线。

3.2.2.5 拱桥及梁-拱组合桥

历史上,北京市修建了许多有代表性的石拱桥,如卢沟桥、八里桥、万宁桥等,这些石拱桥已经成为国家重点文物保护单位。新中国成立以来,北京市修建的拱桥数量并不多,只是在个别条件较好或特殊情况下才会修建。1966—1975年,北京市在密云水库大关桥采用悬吊法施工了混凝土变截面悬线拱桥[27]。进入21世纪,北京市修建了一些钢拱桥、钢管混凝土拱桥以及梁-拱组合结构桥梁。

1999年建成通车的潮白河大桥位于顺平公路上,跨越潮白河,是一座三孔中承式钢管混凝土系杆拱桥,全长180 m,跨径为(36+108+36)m,桥面宽度为27 m。主拱采用圆弧拱,矢跨比为1/5,拱肋采用哑铃形断面,系杆采用高强度低松弛预应力钢绞线,全桥共设18根吊杆,行车道板采用普通钢筋混凝土空心板。全桥采用中空重力式桥墩,钻孔灌注桩基础。

2016年,北京通州北关大道跨北运河桥建成,主桥为五跨,桥跨布置为(30+40+70+40+30)m,每跨布置7根钢拱,除中拱外,其余皆为空间双向扭曲型钢拱,每组钢拱间由横梁连接。主梁为高度0.8 m的钢板梁结构,中间设置1道伸缩缝,将主梁分为110 m+100 m两段,该桥因为造型优美,又被称为"千荷泻露桥"。

2020年4月9日,位于北京市丰台区正阳桥南侧、既有西四环铁路框构桥上方的六线简支钢箱拱桥落梁完成,该桥长112 m,桥宽38.6 m,全桥总重5 700 t,最大杆件单重99.1 t,采用拱肋间设置4条铁路线、拱肋外侧各设置1条铁路线的六线布置形式,是丰台站改建全线贯通的控制性工程。

由梁和拱组合起来共同承重的体系称为"梁-拱组合结构",与拱桥相比,该结构体系可以由系杆平衡掉很大一部分推力;与梁桥相比,截面的弯矩减小,所以在一些地质条件不良的地区更具有优越性。如京津城际铁路跨北京西四环的桥梁为一座跨径为(60+128+60)m下承式钢管混凝土拱加劲的连续梁-拱组合结构，主梁为单箱双室变截面混凝土箱梁，主拱计算跨度为 120 m，全桥设 18 对吊杆。

3.2.2.6 斜拉桥和悬索桥

2003 年，北京石景山南站高架转体斜拉桥建成，它位于西南五环快速路上，跨越石景山南站编组站的咽喉区，结构形式为径为四跨连续独塔单索面的预应力混凝土斜拉桥，径（45+65+95+40）m，转体时主跨（跨线侧）悬臂长 86.7 m，边跨悬臂长 80 m，转体质量为 145 000 t。

2019 年，潮白河复兴大桥顺利建成通车，是北京地区首座双塔双索面斜拉桥，主桥为三跨对称双塔双索面斜拉桥，主跨长 155 m，跨径布置为（72.5+155+72.5）m，塔高 50 m，半漂浮体系，桥梁全宽 45 m［2 m（中隔离带）+（2×11.75）m（行车道）+（2×3.75）m（索区）+（2×3）m（非机动车道）+（2×3）m（人行道）=45 m］，共布置 32 对索及限位装置。该桥建成后使潮白河两岸交通更加快捷方便，提高了整个路网的运行效率。如图 3-2 所示为潮白河复兴大桥。

图 3-2　潮白河复兴大桥

连接首都西部重要交通纽带的新首钢大桥坐落于北京永定河之上（见图 3-3），桥梁全长 1 354 m，主跨跨径 280 m，桥面最宽处达 54.9 m，是我国桥梁中最宽的一座钢桥梁，约为南京长江大桥宽度的 2.7 倍。新首钢大桥设计别出心裁，采用不同高度的钢塔，西侧钢塔高度几乎为东侧钢塔高度的 2 倍，并且有高达 57°的倾斜角度。112 根斜拉索共同拉起全桥 30 000 多吨钢箱梁。

图 3-3　新首钢大桥

北京市悬索桥很少，除了景观桥，比较有影响力的是 2008 年建成的昌平南环大桥，主桥为双塔双索面自锚式悬索桥，桥长为 316 m，主跨为 176 m，主塔高为 66.9 m，是连接昌平新老城区的纽带。

3.2.2.7　墩台和基础

基于北京地区的地形地貌特征和工程地质、水文地质条件，桥梁基础一般以桩基础和扩大基础为主。如 20 世纪 50 年代修建的木桥，其墩台全都采用排架木桩。1958—1961 年，以预制钢筋混凝土桩基为主，桩径一般为 1~1.5 m，最大桩径的桩为当时的天宁寺立交桥采用的桩，直径为 2 m，桩长为 40 m。20 世纪 60 年代修建永久性大、中型桥时，改用预制钢筋混凝土方桩，做成排架或高桩承台。随着桥梁跨径的加大以及设计荷载标准的提高，对基础承载力的要求更高，钻孔灌注桩技术应用增多，20 世纪 60 年代中期，永定河漫水桥首次采用钢筋混凝土钻孔灌注桩，此后该技术全面推广[28]。另外，在地下水位较深、城市地下管网密集，以及防震防噪上要求较高的地区，人工挖孔桩也是一种常用方法[25]。

根据结构和环境的需要，桥墩墩柱采用了多种多样的形式，如钢筋混凝土薄壁墩，V 形、H 形、Y 形及圆柱墩，双向预应力混凝土 T 形墩等[35]。20 世纪 70 年代中后期，首次将独柱墩结构应用于预应力混凝土弯梁桥中。进入 20 世纪 90 年代，独柱墩逐渐应用于城市立交桥的匝道中，但独柱墩为单点支撑体系，在偏载下横向抗倾覆稳定性的安全储备相对不足。桥台包括重力式桥台以及轻型桥台，轻型桥台主要有在基础上直接浇筑的轻型桥台、桩接盖梁加桩间挡墙等形式。

20世纪五六十年代，为了节省墩台圬工数量，将板与墩、台帽用销钉连接，形成铰接，再在河床下墩、台基础间设置支撑，从整体上形成多铰刚构，后北京市编成《轻型桥台盖板标准图》，并被广泛使用[28]。

3.2.3 材料应用

材料性能不断提高是桥梁工程进步的重要基础。目前，桥梁工程仍然以混凝土和钢材为主要材料，行业研究者不断努力改善、提高混凝土和钢材的性能，以适应工程技术的发展。

3.2.3.1 混凝土

中华人民共和国成立初期，我国混凝土生产技术十分落后。1956年，我国建立了第一个预制混凝土构件厂——北京第一混凝土构件厂，生产梁板构件、铁路轨枕、涵管等，当时主要采用干硬性（或半干硬性）混凝土并加强振捣密实。进入20世纪70年代，混凝土的现浇工艺逐渐发展起来。改革开放后，预拌混凝土迅速崛起。1985年，北京市市政工程总公司建成了第一座水泥混凝土搅拌供应站。经过10余年的发展，预拌混凝土成套设备和技术逐渐成熟。20世纪90年代，北京城市桥梁上部结构的混凝土设计等级为C40~C50。建设部（现为住房和城乡建设部）在"八五""九五"期间将C50~C80级混凝土列入重点推广项目，高强度混凝土应用于桥梁中不仅可以降低截面尺寸、提高跨度，同时收缩徐变小、耐久性好，潮白河复兴大桥的主梁就采用了C60高强度混凝土。预拌混凝土的广泛使用，保证了混凝土质量，缩短了施工周期[35]。

混凝土集料中某些矿物与混凝土中碱性溶液发生化学反应会导致混凝土产生异常膨胀而使混凝土破坏，称为"碱骨料反应"。北京早期建造的一些立交桥曾经发生过严重的混凝土碱骨料反应，如三元桥盖梁和墩柱、西直门桥主梁翼缘与护栏、大北窑桥T形梁等。经过一系列研究后，技术人员采取控制水泥和外加剂中的碱含量、减少水泥用量等方法降低碱骨料反应发生的可能性[36]。

3.2.3.2 混凝土外加剂

20世纪50年代初，国内成功研究出松香热聚物引气剂，用于改善混凝土性能[37]。20世纪70年代，混凝土开始采用多种外加剂和矿物掺合料，包括早强剂、减水剂、引气剂等。北京市第三市政工程公司、北京市第四市政工程公司和北京市市政工程试验研究所对几种冬季施工的早强剂进行了对比研究，给出了使用方法和注意事项。20世纪80年代，以高效减水剂为代表的混凝土外加剂伴随着大量基础设施的建设得到迅速推广，此外还包括泵送剂、缓凝剂、防水剂、防冻剂、阻锈剂、膨胀剂等各种外加剂[37]。北京市市政工程研究院研制的"861"系列复合早强抗冻剂，由于适合市政工程的特点，得到了广泛的应用。20世纪90年代，随着混凝土强度等级提高和钢筋配置加密，混凝土水泥用量增加，对拌和物流动性的要求更高，高效减水剂已成为必不可少的组成成分。进入21世纪，为增加混凝土的耐久性，减少开裂，提高工程质量，国内开始研究高效减水剂与矿物掺合料复合使用的应用效果。

3.2.3.3 钢筋和预应力钢绞线

20世纪50年代，我国主要采用Ⅰ级光面钢筋；20世纪70年代初期，Ⅱ级钢筋16Mn，Ⅲ级钢筋25MnSi，Ⅳ级钢筋45MnSiV、40Si$_2$MnV和45Si$_2$MnTi等开始推广应用。20世纪80年代成功研制了400 MPa的Ⅲ级钢筋。2002年，国家将HRB400级钢筋作为我国各种结构使用的主力钢筋。经过半个多世纪的发展，我国从低强度的Q235 Ⅰ级钢筋，发展到HRB500 Ⅳ级高强度钢筋，在品种、技术工艺、质量上都得到了长足发展[38]。

在预应力钢筋方面，20世纪50年代中期我国主要采用冷拉钢筋。20世纪60年代前后，采用费用更低廉、工艺更简单的冷拔低碳钢丝。20世纪70年代初期至20世纪80年代中期，我国相继研发出热轧低合金预应力钢筋、热处理预应力钢筋和精轧螺纹预应力钢筋。

我国的预应力钢绞线的生产开始于20世纪70年代，直到20世纪80年代中期仍只能生产普通松弛级钢绞线，且产量很低。20世纪80年代后期，我国相继从国外引进了10多条低松弛高强度预应力钢丝、钢绞线生产线，强度级别为1 570~1 860 MPa，广泛用于预应力桥梁及斜拉桥拉索、体外预应力束、吊杆及系杆等。20世纪八九十年代，随着大跨度斜拉桥的迅猛发展，钢绞线作为斜拉索的应用也迅猛发展。其间，北京建造了几座斜拉桥，均使用了预应力钢绞线作为斜拉索。

3.2.3.4 钢材

与桥梁设计及制造相比，国内桥梁用钢的发展起步较早。第一代A3桥梁钢屈服强度为235 MPa；第二代16Mnq钢屈服强度提高到了345 MPa，但是低温韧性、焊接性及板厚等均较差；第三代桥梁钢15MnVNq和第四代桥梁钢Q370qE的强度进一步提高，同时板厚能达到50 mm，进一步扩大了应用范围；发展到第五代和第六代桥梁钢Q420qE和Q500qE，屈服强度已要求达到500 MPa级，低温冲击功在–40 ℃时不低于120 J，同时对屈强比和板厚也提出了要求，屈强比一般低于0.86，而应用板厚要求高于64 mm[39]。

北京新首钢大桥主塔为椭圆形不对称倾斜变截面扭曲钢塔，主塔钢材采用Q420qE高强度钢。北京安家庄特大桥跨丰沙铁路桥的上部结构为钢桁架桥，采用高性能耐候钢，不用涂装即可使用。

3.2.3.5 材料发展新趋势

（1）高性能钢

高性能是未来桥梁结构钢的一个发展趋势，对强度、韧性、屈强比以及板厚等提出了更高的要求，同时，钢材的耐气候性能（抗腐蚀性能）、焊接性能、抗低温韧性、抗脆断性能、高温蠕变、疲劳性能以及持久强度等方面也要更加优越。欧洲的钢材已经达到960 MPa级（16 mm厚钢板），美国的桥梁用耐候钢已达690 MPa级，日本采用的微合金化成分钢材已达800 MPa级。土耳其博斯普鲁斯三桥斜拉索采用了强度1 960 MPa的钢丝。我国沪通长江大桥主桥拉索采用国内研发生产的2 000 MPa级平行钢丝索[40]。未来各国将重点发展综合性能优良的更高强度的高性能桥梁钢。

（2）超高性能混凝土

超高性能混凝土（Ultra-high Performance Concrete，UHPC），具有超高的耐久性和力学性能。UHPC与普通混凝土或高性能混凝土不同的方面包括：不使用粗骨料，必须使用硅灰和纤维（钢纤维或复合有机纤维），水泥用量较大，水胶比较低。目前，UHPC已经在一些实际工程中应用，如大跨径人行天桥、公路铁路桥梁等，可以预计未来会越来越多地被应用到工程当中。

（3）智慧感知材料

北京市已经在桥梁监测、检测和加固改造工程中逐步开展记忆合金、压电材料、光导纤维、智能自修复混凝土等新型材料的应用研究。

（4）低碳材料

随着"双碳"目标的提出，绿色低碳是建筑业发展的必由之路，包括高强高性能混凝土、复合水泥、再生骨料混凝土。

3.2.4 施工方法与工艺

3.2.4.1 现浇法

现场浇筑法在北京市政桥梁建设中具有悠久的历史。起初，由于技术水平有限，均采用固定支架的整体现浇法，如中华人民共和国成立后，北京市在门头沟河滩新建的第一座现浇钢筋混凝土板梁。之后，随着连续箱梁的应用，现浇满堂支架法逐渐盛行。为了减少城市建设对城市交通的影响，悬臂浇筑法也越来越多地应用到工程建设中。石景山区高井规划一路B匝道桥全长382.237 m，主桥为三跨预应力混凝土连续箱梁，由于桥下不具备作业条件，因此采用了挂篮悬臂浇筑施工方法，取得了良好的施工效果。2012年，北京密云白河大桥建成通车，桥梁全长818 m，是当时北京跨度最大的悬浇法施工刚架桥。

3.2.4.2 预制法

为了缓解因现浇法施工周期较长而造成的交通紧张，进入20世纪90年代后，桥梁施工中尽可能多地采取了预制拼装法。20世纪80年代初，市政工程局系统成立了大型混凝土预制构件厂以及专业的吊装运输企业，在西北二环工程中创造过日吊装大梁92片的纪录，吊装最大梁重已达70 t。积水潭桥利用钢混组合箱梁结构，采用了快速预制拼装技术，使箱梁的施工速度提高了一倍，在全国城市立交工程中为首例。二、三环快速路立交桥建设中总结出一整套包括钢梁结构的预制、运输、安装的经验，很好地解决了现浇梁体容易造成交通断行的技术难题。

3.2.4.3 转体施工法

转体施工法属于无支架施工，对施工控制技术要求较高，也是进入21世纪后才逐渐发展成熟的。由于北京城区地形较为平坦，且河流跨度不大，因而转体施工的桥梁数量并不多，但近年来有几座桥梁因为跨越铁路而采用了转体施工方法。比如，五环路石景山南站高架桥位于西南五环上，为了保证修建时不影响铁路运营，主桥采用了转体施工工艺，石景山南站高架桥成为北京市第一座转体施工斜拉桥。

3.2.4.4 顶推施工法

2012年7月，京良路改建工程上跨京广铁路四跨混凝土连续箱梁采用了顶推施工方式，桥梁全长115.0 m，主路跨径为（26.5+42+26.5+20）m，辅路跨径为（25+42+28+20）m，主孔跨度为42 m，顶推段预制长度为56 m，顶推施工仅在梁端设置前导梁，导梁长为28 m，施工时采用了主、辅路分开顶推的方式；2013年，广渠路跨丰双铁路分离式立交桥，也采用顶推方式跨越了丰双铁路。在以上两座桥梁施工过程中，北京市建设工程质量第三检测所通过对中线偏位、梁端下挠、桥墩变位、导梁和梁体应力等方面进行实时测量和反馈，有力保障了工程施工的质量与安全。此外，北京轨道交通S1线跨永定河大桥钢箱梁也采用了顶推方式就位。

3.2.5 维修加固

在五环和联络放射线全面建成以后，北京的市政桥梁网已基本完成。随着北京市第一批立交桥逐渐进入维修周期，存量桥梁维修加固成为城市桥梁工程的重点工作之一。

20世纪90年代，各种加固技术逐渐完善，初步形成维修加固技术体系，主要包括增大截面、粘贴钢板或碳纤维等各种材料加固、体外预应力加固、变换结构体系、更换梁体、修补或重做桥面、更换伸缩缝、更换支座等。进入21世纪后，北京市先后对多座立交桥进行了加固改造，使危桥旧貌换新颜：2006年9月8日至11日，进行西直门北立交桥内环、外环主路桥和外环辅路桥3座危桥的改造，对内环桥拆除破损的梁板并更换新梁板，顶推平移就位，其余 2 座桥在原桥基础上大修，所有桥台都进行加固；2007 年 10 月 26 日，复兴门立交桥大修加固，主要包括修复桥面防水系统、重新浇筑桥面铺装层、伸缩缝更新，对下部结构采用加宽加厚包钢板的方式进行加固，并在桥面沥青混凝土中掺加了改性剂和抗车辙剂，极大地减少了道路车辙病害；2015 年 11 月 13 日 23 时，启动了三元桥修缮工程，43 h 实现了大城市重要交通节点梁体的整体置换，采用"千吨级驮运架一体机"，为桥梁的改造提供了新思路和解决途径，创造了新的北京建桥速度。

3.3 人行天桥

3.3.1 总体情况

新中国成立初期北京市并没有建设专用的人行天桥，随着城市化步伐的加快，西单、东单、王府井大街等繁华地段十字路口车流人流明显增加，交通事故频发。为解决行人过街难的问题，1982 年 6 月，北京首座过街天桥——西单商场人行天桥正式建成通行，桥体为钢结构，桥长 21.1 m，桥面宽 4.2 m，全部钢结构部件均在场外预制，夜间在现场吊装。西单人行天桥建成后，实现了人车分流，附近交通状况得到改善[41]。此后，根据第一座天桥的建设经验，北京市开始在一些交通拥挤、阻塞严重的路口兴建人行天桥，仅 1983 年一年就在崇文门、东四北大街等地修建了 5 座[42]。随着城市的扩张与建设、人口的激增，人行天桥的数量飞速增长。1982—1991 年，北京市共建成人行天桥 31 座，年均增加 3 座；1992—2001 年，北京市共建成 190 座人行天桥，年均新增 19 座；2002—2011 年，北京市共建成 268 座人行天桥，年均新增 27 座；2012—2020 年，建设速度有所下降，北京市共建成人行天桥 64 座，年均新增 6 座，累计达到 550 座[43-45]（见图 3-4）。

1984 年建成的清河东天桥跨越昌平路，为桥长 50 m、跨度 45 m 的工字钢梁结构，是当时北京跨度最大的天桥[45]。1985 年建成的新街口天桥是北京首次采用钢筋混凝土组合结构的天桥。1988 年建于肿瘤医院北侧的东南二环 5 号天桥，首次采用了钢筋混凝土旋转梯道。北京第一座环形过街天桥是 1990

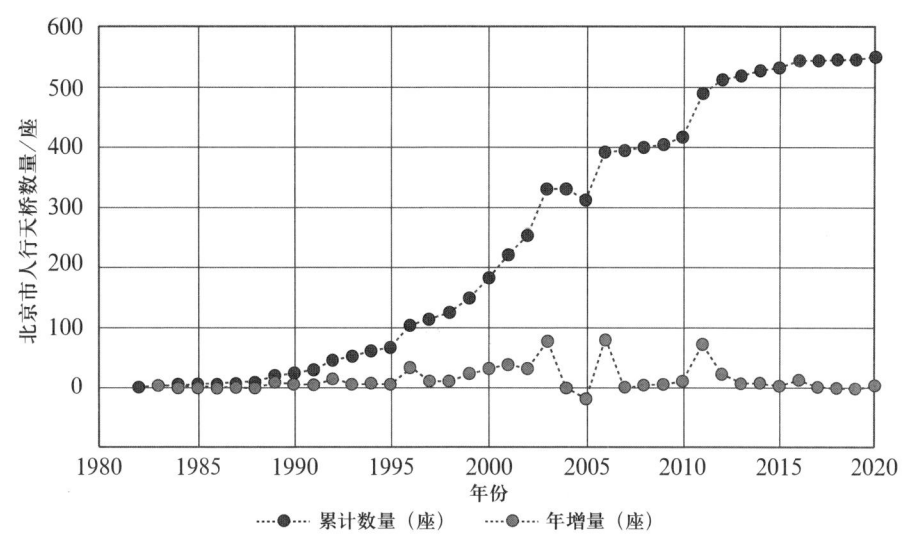

图 3-4　1980—2020 年北京市人行天桥数量统计[43-45]

年建成的蒋宅口天桥，跨径 67.8 m，在当时全国同类型天桥中跨度最大。1992年建成的陶然亭南天桥，位于陶然亭公园南侧的护城河上，是北京首次采用钢斜腿刚构的跨河天桥。同年建成的月坛南天桥，采用了坡道的设计，成为北京市首座无障碍天桥，在亚运会前被评为最佳过街天桥。1997 年建成的隆福寺天桥是北京首次采用广场石砖铺砌桥面的天桥[46]。2001 年，北京市在朝外大街建成首座自动滚梯人行天桥，桥上首次采用了抗腐蚀材料制作的拱架罩棚。2003 年，北京西站北广场天桥建成，它采用全封闭结构，设置了人行梯与电梯。2003 年建成了平安大街上的首座天桥——平安大街东侧过街天桥。北京站前广场东侧天桥（北京站前街过街天桥）经 2007 年改建后，桥面宽10 m，是当时国内最宽的人行天桥，通行能力达到每小时 12 000 人次[47]。2017 年东单北天桥改造为铝合金桁架结构，减轻了结构自重，单跨跨径达到52 m，成为我国当年单跨最大的铝合金桁架天桥[48]。北京五环路内人行天桥分布示意图如图 3-5 所示。

3.3.2　技术特点

3.3.2.1　平面布置

人行天桥的平面布置需根据多种因素综合确定，修建前应对拟建场址进行

图 3-5 北京五环路内人行天桥分布示意图（截至 2017 年）[43]

现场勘察，结合原有道路地形情况，以及行人的流量及流向来确定。北京市人行天桥主要采用的平面线形包括：

①工字形，一般适用于人流拥挤的繁华地段，以及跨越铁路路线的情况，结构简单，造价较低，是北京目前建成的天桥中数量最多的平面形式，分布在快速路、主次干道路等。自 1982 年建成第一座人行天桥起到目前，北京市至少有 430 座工字形人行天桥[41]，如北京电影学院天桥、陶然亭南天桥等。

②L 字形、匚字形，适用于丁字交叉口，如北蜂窝路路口天桥、木樨园东天桥等。

③X 字形，适用于十字交叉路口，如平安大街东侧过街天桥。

④口字形，适用于十字交叉路口，如2011年建成的中关村一号天桥，是北京最大的"口字形"人行天桥[49]。

⑤C字形，适用于跨越几条道路的大交叉路口，1992年开始多建于二环、三环路上，无障碍是其特点，如月坛立交南天桥。2000年以后，该类型天桥基本不再兴建，部分原有天桥也被工字形天桥取代[41]。

⑥环形，适用于跨越多条道路的大交叉路口，如蒋宅口天桥。

⑦其他形式还包括Z字形、之字形、F字形等，如积水潭立交西天桥。

3.3.2.2 结构形式

北京的人行天桥以梁式桥为主，包括钢梁桥、钢筋混凝土或预应力混凝土梁桥以及钢筋混凝土组合结构梁桥。此外，还包括桁架式桥、拱式桥、刚构式桥及斜拉桥等。北京市早期修建了一些下部结构为Y形、T形墩的天桥，后期以独柱式或双柱式圆形混凝土墩或钢管混凝土柱式墩为主，包括现浇结构和预制桥墩。天桥主体一般采用桩基础，梯脚一般采用扩大基础。天桥梯道一般采用直跑式，视场地情况还有折线形、U形、双括号形或者螺旋形，当场地空间局促或者人流量过大无法采用以上形式时，可采用自动扶梯、垂直升降梯替代长坡道。

（1）梁式桥

初期设计修建的西单商场天桥、动物园东天桥、东四北天桥、清河东天桥等第一批人行天桥，结构形式简单，跨度较小，多为单跨上承式简支钢工字梁或钢箱梁结构。1988年修建的安乐林天桥位于蒲黄榆路口安乐林路十字交叉处，为三跨连续钢箱梁结构，最大跨度为36.2 m[46]。

20世纪80年代末至90年代初期，人行天桥开始采用钢筋混凝土、预应力混凝土以及钢筋混凝土组合结构的形式。1988年修建的潘家园人行天桥，东侧为龙潭饭店，西靠护城河边，桥身为三跨钢筋混凝土简支宽腹T形梁，下部结构为V形墩柱；同时期修建的草桥北天桥、马家堡北天桥、马家堡西天桥均为钢筋混凝土宽腹T形梁结构；位于南三环路上的木樨园、赵公口与刘家窑3座人行天桥通过剪力键将工字钢或钢箱梁与混凝土桥面板叠合在一起，形成钢筋混凝土叠合结构。万泉河路改造工程中的人行天桥首次采用了钢筋压型钢板混凝土连续组合梁,加快了施工进度,减少了对桥下交通的影响。

(2)桁架式桥

1983年修建的崇文门北天桥为空腹式钢桁架结构。2008年改造的西单商业街人行天桥为铝合金桁架式结构,此桥作为奥运配套工程,跨长38.1 m,桥宽8.0 m,主体结构由南北两个纵向主桁架组成,桁架杆件采用AW-6082 T6型铝合金,该桥是当时国内规模最大的铝合金结构人行天桥[50]。

(3)拱式桥

1992年建成的菜户营东天桥,位于大观园南门外,跨越南二环路,是一座钢筋混凝土板拱桥。

(4)斜腿刚构式桥

1984年建成的东单北人行天桥采用现浇混凝土浅埋式基础,钢箱形断面斜腿上端以刚性节点与斜坡式悬臂梁联结构成类似T形结构体,中间为钢箱式挂梁。

(5)斜拉桥

北京首座钢索斜拉式人行天桥[51]——丽泽路2号人行天桥,建成于2004年,跨度约为62 m,上部结构为两跨连续四室封闭钢箱梁,中央隔离带处设置2个钢塔柱,通过斜拉索与主梁连接在一起参与结构受力。

3.3.2.3 桥面铺装

天桥铺装应符合平整、防滑耐磨、排水顺畅、无噪声且便于养护的要求。北京市人行天桥桥面铺装体系大致可以分为以下几类:

①塑胶铺装:对钢桥面板喷砂除锈,涂环氧富锌漆,然后铺设5~8 mm厚塑胶铺装层。这种铺装的优点是色彩鲜艳、质量轻,但易老化、空鼓,上下梯道铺装一般容易破损,雨天积水。

②石材或防滑砖铺砌:图案美观、造价低廉,但自重大、防滑性较差且容易出现局部脱落、掉角、碎块等现象。该类铺装包括水磨石、彩色方砖等,早期修建的光明路、潘家园、蒲黄榆路、东便门、安乐林等处天桥都采用了劈离砖铺砌。

③钢筋混凝土铺装:施工简便、坚固耐磨,但自重大,色彩单调。20世

纪80年代末90年代初修建的刘家窑、木樨园、赵公口、左安门等处人行天桥采用了这种铺装[52]。

④彩色桥面铺装：包括环氧树脂类、丙烯酸酯类、聚合物水泥砂浆类、彩色乳化沥青类等。2009年，北京市实施了人行天桥桥面铺装改造工程，为17座人行天桥更换了该类铺装[53]。

此外，还有橡胶板、塑胶板、沥青混凝土铺装等类型，以及近年来采用的彩色陶瓷颗粒、纤维混凝土、超薄高性能混凝土等各种新型防滑路面铺装，各方面性能都有显著提高，但长期耐久性还有待进一步检验。

3.3.2.4 附属设施

天桥的附属设施包括栏杆、雨棚、照明设施、限高标志以及标线等。为保证桥上行人安全，防止跌落，天桥栏杆应具有足够的强度和刚度，常见的栏杆形式有钢护栏、不锈钢护栏、钢化玻璃护栏、混凝土护栏、石材护栏等。

城市人行天桥的栏杆、照明、雨棚等还具有美化景观的作用。1988年建成的南新华街天桥栏杆为古典民族式青白石望柱，栏板、墩柱上镶嵌着一组绿色琉璃花饰[46]（见图3-6）。2021年，北京市对大北窑桥东天桥、大望桥西天桥等13座天桥实施了品质提升工程，原天桥主梁及梯道栏杆多为钢筋混凝土

图3-6 南新华街天桥仿古栏杆

材质，更换之后为不锈钢栏杆，提升了天桥的安全性和美观度[54]。北京西单人行天桥的照明设计非常注重行人的舒适性，并且采用了节能环保的新材料、新技术，夜晚，天桥在淡淡的紫色灯光的烘托下展现了特有的美感与气质；中关村一号天桥夜景照明采用了冷色光，具有现代气息。2018年，北京站的两座站前天桥进行重装，电梯雨棚设计采用1906年的老火车站门厅造型，北京西站北广场的两座天桥的深蓝色电梯雨棚被改造为透亮的钢化玻璃雨棚，天桥景观焕然一新[55]。

3.3.2.5 无障碍设计

人行天桥无障碍设施是指为方便残疾人、老年人、儿童、携带行李者、推自行车者等人群配套建设的盲道、无障碍坡道、电梯、自动扶梯等辅助设施。月坛立交南天桥是北京市第一座采用无障碍设计的人行天桥，采用C字形长坡道，方便有需求的人群使用。2008年北京奥运会的召开，极大地促进了北京市无障碍设施建设，2011年，北京市市政工程设计研究总院制定了地方标准《人行天桥与人行地下通道无障碍设施设计规程》（DB11/T 805—2011），天桥无障碍设计有了长足的进步。但是，在实际修建中，仍然存在一些设计不合理之处，比如坡道坡度过大、台阶过高、扶手过高或过低等。此外，无障碍设施建设不系统、设施管理不到位等问题也仍然存在，需要进一步改进[56]。

3.4 轨道交通高架桥

3.4.1 总体情况

城市轨道交通的线路可以分为地面线、地下线和高架线。城市轨道交通高架桥兼具市政桥梁和铁路桥梁的特点，但列车活载要比一般铁路小、速度较慢，与地下线相比，造价和运营费用更低，且更便于施工，在轨道交通线路中占有一定比例，一般应用于城市开阔地段或郊区。

北京市第一条城市轨道交通高架线是13号线，于2003年1月9日开通，设有5个高架车站[57]。截至2022年，北京已经通车运营的轨道交通线路中有14条线路部分或全部采用了高架区间。北京轨道交通高架线总体信息统计详见表 3-1[58-65]。

表 3-1 北京轨道交通高架线总体信息统计

序号	线路	起止点	高架车站数量/个	高架线长度/km
1	1 号线（含八通线）	福寿岭（暂缓开通）—环球度假区	9	11.05
2	13 号线	西直门—东直门	5	12.30
3	5 号线	宋家庄—天通苑北	6	10.70
4	14 号线	善各庄—张郭庄	2	4.21
5	4 号线（含大兴线）	安河桥北—天宫院	1	3.60
6	8 号线	朱辛庄—瀛海	3	2.19
7	首都机场线	北新桥—T2 航站楼	1	23.00
8	亦庄线	宋家庄—亦庄火车站	8	14.50
9	15 号线	清华东路西口—俸伯	4	13.70
10	房山线	阎村东—东管头南	10	23.80
11	昌平线	清河—昌平西山口	6	16.00
12	燕房线	阎村东—燕山	9	16.70
13	S1 线	苹果园—石厂	8	9.95
14	大兴机场线	草桥—大兴机场	0	16.20

3.4.2 技术特点

3.4.2.1 结构体系

（1）简支体系

简支体系桥梁是静定结构，受力明确，对基础不均匀沉降适应性强，对无缝线路长钢轨纵向力的适应性较好。北京市的轨道交通简支体系一般采用标准化 25 m 和 30 m 跨径梁，8 号线、亦庄线等线路均选择了混凝土简支体系桥梁。

（2）连续梁体系

与同跨度简支梁比较，连续梁体系材料用量少，跨度较大且布跨灵活，但对支座不均匀沉降反应敏感。连续梁多采用现浇结构，适用于墩台基础沉降易于控制、桥梁长度长、工期较长的工程。4号线、14号线、15号线等线路选择了混凝土连续梁或连续刚构体系。

（3）钢格构体系

北京中低速磁浮交通示范线（S1线），跨越6号线、阜石路高架桥，北临大台铁路，南临大型综合商场，为了应对现场的复杂地形条件，桥梁设计方案采用了6孔简支钢拱和钢梁桥，孔跨布置为（84+33+66+33+84+33）m，其中84 m钢拱桥为钢格构体系，主纵梁、端横梁采用钢箱截面，小纵梁、中横梁采用工字形截面[66]。

（4）塔、梁固结体系

5号线清河斜拉桥位于立水桥至立水桥北区间，是世界上首座预应力混凝土轨道交通曲线斜拉桥[67]。桥长210 m，采用塔、梁固结体系，主塔为钻石形结构，斜索为空间的扇形密索体系，主梁为单箱双室预应力混凝土结构，梁上索距7 m，主塔墩和边墩采用钻孔摩擦桩基础。

3.4.2.2 上部结构截面形式

高架区间结构采用的主梁截面形式主要有箱形梁、U形梁、工形组合梁、钢–混凝土组合结构梁等。

（1）箱形梁

北京市轨道交通高架桥箱形梁常见的有单箱单室、单箱双室以及双箱单室等。亦庄线整个高架区间共包括预制梁301片，分为30 m和25 m两种跨度的单箱单室简支梁结构[68]（见图3-7）。

图3-7 单箱单室截面

对于桥面相对较宽的情况，单箱双室是常见的截面形式之一。5号线高架桥选择了单箱双室箱梁（见图3-8）。

双箱单室截面在北京市轨道交通中亦很常见，该形式将左右两箱的上部结构合二为一，整体性较好（见图3-9）。如采用斜腹板式的双箱单室截面，梁底宽度和墩顶盖梁的宽度都可相应减小，视觉效果也较单箱双室形式更优美。8号线高架桥跨横八路、凉凤灌渠桥、南水北调线、规划市场环路、黄亦路，选择了1-35 m、1-40 m、1-43 m、1-45 m等的双箱单室箱梁。

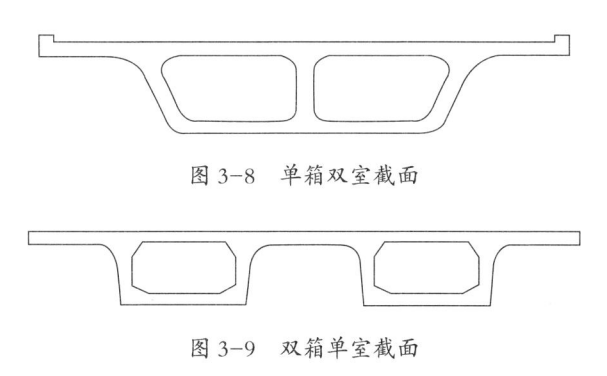

图3-8 单箱双室截面

图3-9 双箱单室截面

（2）U形梁

U形梁为开口截面，抗扭性能不如箱形梁。但其高度低，轨道可卧于槽内，轨顶标高可降低约1.5 m，便于城市道路间立体交叉，并且腹板结构可起到声屏障作用，还可兼作栏板、疏散平台、牵引网立柱基础等，使桥上附属结构成为主体梁结构的一部分，降低造价、缩短建设工期。14号线的张郭庄站、燕房线跨房山铁路桥便采用了U形梁结构。

（3）工形组合梁

八通线高架桥全长为11.053 km，其中85%的部分采用了预应力混凝土工形组合梁（见图3-10）。工形梁为预制结构，桥面板采用现浇方式形成整体，八通线是我国第一条以预制工法为主导的轨道交通地上线路[63]。

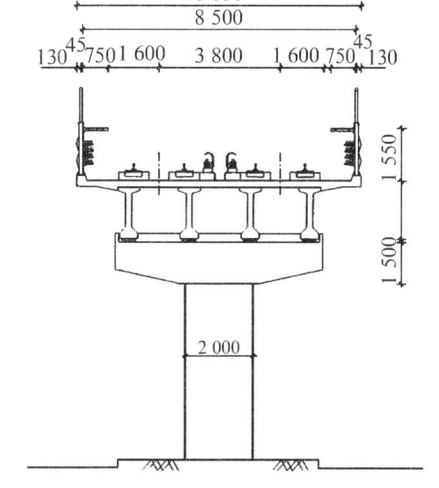

图3-10 混凝土工形组合梁截面（单位：m）

（4）钢-混凝土组合结构梁

2019年运营的大兴国际机场线含高架段16.2 km，其中7.9 km为与新机场高速公路、团河路、地下综合管廊等组成的四层共构形式[62]。路－轨共构段采用三跨一联连续钢－混凝土组合梁结构,钢结构为双箱单室U形、口字形截面,箱梁上翼缘通过剪力钉与混凝土桥面板连接。

3.4.2.3 下部结构与基础

北京市轨道交通高架桥主要采用的桥墩形式包括T形墩、单柱墩、双柱墩、Y形墩、V形墩等,各类桥墩均有相应的适用条件。

（1）T形墩

适用于上部结构为分片结构或梁部支承点相距较远的梁型,用于箱梁时,一般为一线一箱的分离式箱梁。八通线的标准梁桥墩采用的就是T形墩结构。

（2）单柱墩

适用于单箱单室箱梁等梁部支承点相距较近的梁型,如房山线、大兴线等工程均采用了单柱墩形式。

（3）双柱墩

适用于各种梁型,承载能力及稳定性较强,如13号线采用了双柱墩。

（4）Y形墩

结合了T形墩和双柱墩的优点,占地面积小,有利于桥下交通,上部呈双柱式,对盖梁工作条件有利,燕房线04标高架区间主要采用"玉兰花"造型（Y形）桥墩,是北京地铁中首次采用双向大跨度Y形墩结构。

（5）V形墩

质量轻,占地面积少,造型轻巧,同样有利于桥下交通,其斜撑与水平线的夹角根据桥下净空要求和总体布置来确定,通常应大于45°。北京地铁大兴线高架段（新宫—西红门站区间）在跨京开高速公路处即采用了钢箱结构的V形桥墩。

城市轨道交通高架桥的基础形式与普通高架桥的基础形式基本相同。由于轨道结构通常采用无砟道床的形式,所以基础设计除了应满足承载力的要求外,还应满足对桥墩基础的沉降量及相邻桥墩间的沉降差异值的控制要求,因此轨道交通高架工程一般采用桩基础,北京市轨道交通高架桥大部分采用钻孔灌注桩基础。

3.4.2.4 施工工艺和方法

北京市轨道交通高架桥施工方法包括支架现浇法、预制拼装法、转体施工法、顶推施工法等。

(1) 支架现浇法

支架现浇法是常见的桥梁施工方式之一，即在搭设好的支架上支模浇筑混凝土，达到强度后拆除模板和支架。支架现浇法无须预制场地，不需要大型起吊、运输设备，桥梁整体性较好。但工期较长，支架、模板耗用量大，施工费用高；搭设支架可能会影响排洪或通航。大兴线新宫（南苑西）站至西红门站高架区段连续箱梁采用了多孔桥支架立模、现场连续浇筑的方法施工，结构整体性较好。

(2) 预制拼装法

预制拼装法指构件在预制厂加工制作完成，运送到桥位现场后采用一定的架设方法将构件拼装为结构并安装到位的方法。工厂生产制作的构件具有精度高、稳定性好的优点，预制拼装法施工可以减少现场工程量，提高工作效率，减少建筑工人的劳动，提高了安全性，同时具有环保节能的特点，具有较好的应用前景。预制拼装法采用的吊装设备有自行式吊车、门式吊车、架桥机、移动支架等，1 号线、4 号线、昌平线和 8 号线高架桥架设采用了自行式吊车吊装施工，房山线、亦庄线、机场线采用了架桥机架设法施工。

(3) 转体施工法

在跨越铁路的情况下，采用转体施工法可最大限度地降低对铁路运营的影响，北京市轨道交通工程在 14 号线高架桥中首次采用了箱梁转体施工技术，实现了 71 m+71 m 梁体转体施工[59]。

(4) 顶推施工法

与转体施工法类似，顶推施工法也适合于跨越铁路、减小施工影响的情况。S1 线采用了异地拼装、两两焊接、步履式顶推的施工方法，解决了中低速磁浮钢拱桥大悬臂顶推受力复杂、变形大的问题。

第四章 地铁隧道工程

4.1 地铁隧道建设概况

北京市从 20 世纪 50 年代开始规划修建地铁，于 1965 年 7 月开始修建北京地铁 1 号线，1969 年 10 月 1 日建成通车，这使北京成为中国首个开通地铁的城市。北京地铁至今已有近 60 年的发展史。北京市的地铁建设与运营规模始终处于中国运营地铁城市的前列（见图 4-1），截至 2022 年 7 月，地铁运营线路共有 27 条，运营里程为 783 km，到 2025 年，北京地铁总长预计达到 1 177 km。2021 年，北京地铁年客运量为 30.66 亿人次，地铁的修建给人们的出行带来了极大的便利（见图 4-2）。

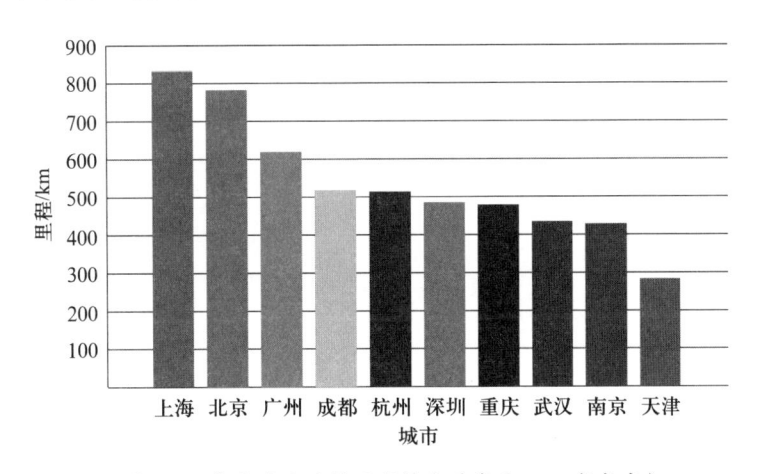

图 4-1 部分城市地铁里程排名（截至 2022 年年底）

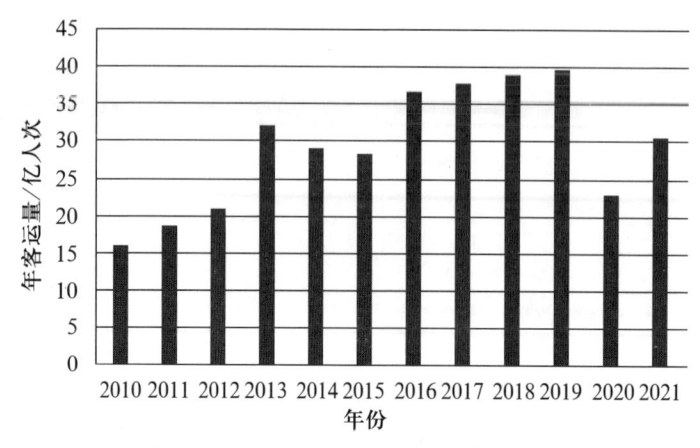

图 4-2　2010—2021 年北京地铁年客运量

4.1.1　1953—1964 年

1953 年 9 月，北京市政府将《改建与扩建北京市规划草案要点》上报到党中央，该报告明确提出："为了提供城市居民以最便利、最经济的交通工具，特别是为了适应国防的需要，必须及早筹划地下铁道的建设。"

当时新中国成立不久，百废待兴，我国没有修建地铁的经验，群众对地铁甚至是公共汽车的出行需求并不高，所以从当时的社会背景来看，修建地铁似乎是一个不切实际的想法[69]。

20 世纪 50 年代初，在当时的背景下，毛泽东主席提出："北京要搞地下铁道，不仅北京要搞，有很多城市也要搞，一定要搞起来。"因此，为了国家建设和城市发展的需要，北京地铁应运而生。

4.1.2　1965—2000 年

（1）地铁一期工程

1965 年 2 月 4 日，毛泽东主席对北京地铁的修建作出重要指示："精心设计，精心施工。在建设过程中，一定会有不少错误、失败，随时注意改正。"1965 年 7 月 1 日，北京地铁一期工程开始修建。

北京地铁一期工程由我国自行设计、自行施工，1969 年 10 月 1 日建成通车，北京成为中国第一座拥有地铁的城市。1981年9月15日，该线路正式对公众运营，运行区段为苹果园至北京站，现在已经分别成为北京地铁1号线和2号线的一部分。北京地铁1号线南礼士路站如图4-3所示。

图4-3 北京地铁1号线南礼士路站

（2）地铁二期工程

北京地铁二期工程是北京市修建的第二条地铁线路，运行范围为现在的2号线复兴门站至建国门站。1971年3月，该工程开工建设，1984年9月20日，开通试运营（建国门站至复兴门站），全长16.1 km，共12座车站。

（3）地铁复兴门折返线工程

由于历史问题，北京地铁二期工程不能与一期工程串联运营，导致一期工程客运量一直处于饱和状态，而二期工程乘坐人数较少，这种不平衡的状况给运营方及人们的出行带来了很大的困扰，地铁建设过程中投入的巨大资金不能尽快回笼，乘客也不能通过地铁内部换乘。为解决这个问题，在复兴门修建折返线的方案被提上日程。折返线的思路是实现从苹果园开来的地铁列车在此掉头折返，并将一期工程的长椿街、宣武门、和平门、前门、崇文门、北京站与二期工程相结合形成环线运营。

1986年8月15日，该工程开始施工，包括两条正线、一条折返线以及连接南北正线的一条渡线。1987年12月24日，该工程竣工，复兴门折返线如图4-4所示。

图 4-4　北京地铁复兴门折返线

1987年12月28日，两条既有线路因为复兴门折返线的完成被组合成两条新线，地铁一期工程从苹果园站到复兴门站折返，不再向南转向连接长椿街站，二期工程与一期工程的部分车站形成环线运行。这一措施将北京地铁一期与二期工程连成一个整体，缓解了一期工程的饱和运营状态，并提高了二期工程的使用率，极大地方便了群众的出行。

（4）地铁复八线

地铁复八线是指从复兴门到八王坟的线路，是现在运行中的1号线的一部分。1989年，地铁复八线正式动工。1992年10月10日，复兴门站至西单站通车，同年12月，西单站正式运营，一期工程运营区段变更为苹果园站至西单站。

1999年9月28日，地铁复八线开始运营，天安门东站如图4-5所示。2000年6月28日，地铁复八线与一期工程贯通运营，给人们的生产生活带来了极大便利。

图 4-5　地铁复八线天安门东站

4.1.3　2001—2008年

2001年7月13日，北京市获得2008年奥运会主办权，为提升奥运会的服务水平，北京市开始大规模进行轨道交通设施建设。

（1）地铁 13 号线

20 世纪 90 年代末期，北京市常住人口将近 1 400 万，城区变得越来越拥挤，此时北京北部还有大片待开发的土地，修建地铁可以将城市成熟区域与这些待开发区域串联起来。

1999 年 12 月，13 号线开工建设，全长 40.9 km。2002 年 9 月，13 号线西直门—霍营区段建成，2003 年 1 月 28 日，霍营—东直门区段建成，至此，地铁 13 号线全线建成通车。

地铁 13 号线的建成具有重大的社会效益，带动了沿线多个区域（包括西二旗、回龙观等区域）的发展，向这些区域疏散了大量人口，有效解决了发展不平衡的问题。

（2）地铁八通线一期工程

地铁八通线一期工程西起四惠站，东至土桥站。2001 年 12 月 30 日，地铁八通线开工建设，2003 年 12 月 27 日开通运营，全长 18.96 km，设 13 座车站，部分线路如图 4-6 所示。作为 1 号线向通州区的延长线，地铁八通线连接起了通州区与中心城区，为通州区群众进入城区带来了便利。

图 4-6　北京地铁八通线

（3）地铁 5 号线

规划的地铁 5 号线沿线常住人口较多，与既有的众多重要公交线路可以形成联动，建成后还可以与地铁 1 号线形成东西贯通与南北贯通交叉的地铁格局，提升地铁的到达效率。因此，地铁 5 号线的建设被提升到优先级。

地铁5号线长27.6 km，设23座车站，贯穿北京市南北城区。2002年12月27日，地铁5号线开工建设，并于2007年10月7日开通运营。

(4) 地铁10号线一期工程

地铁10号线一期工程是连接北京东部和北部的轨道交通线路，近似L形半环线，自劲松向北，到达芍药居站后向西敷设，直至巴沟站。线路全长约25 km，全部为地下线，共设置22座车站，连接了中关村、亚运村、中央商务区等多个重要区域。（地铁10号线一期工程北土城站至健德门站暗挖区段见图4-7）

地铁10号线规划之初是为了缓解中央商务区和地铁2号线的交通压力。2003年12月27日，地铁10号线一期开工。2008年7月19日，地铁10号线一期、机场线及地铁8号线一期工程同时开通，兑现了申办奥运会时关于乘坐地铁从机场到奥运村的承诺。

图4-7 地铁10号线一期工程北土城站至健德门站暗挖区段

(5) 地铁首都机场线

地铁首都机场线是连接北京市区及北京首都国际机场的轨道交通线路，2005年6月14日开工建设，并于2008年7月19日开通，是为服务奥运会而建设的线路。机场线的运营使市区到机场的时间缩短到16分钟，奥运期间，国外运动员通过机场线可以快速到达奥运村。

(6) 地铁8号线一期工程（奥运支线）

地铁8号线一期工程也是为服务奥运会而建设的，贯穿奥运会众多场地，连接鸟巢、水立方等比赛场馆。2005年5月，地铁8号线一期工程开工建设，设4座车站，2008年7月19日开通，奥体中心站、奥林匹克公园站和森林公园南门站直接服务于奥运会。

4.1.4　2009—2014年

2007年北京市规划建设19条（段）线路，总长447.4 km，车站289座。

2009年9月28日，地铁4号线安河桥北—公益西桥区段建成运营，该区段是贯穿北京南北的大动脉，共有车站24座，全长28 km。

2010年12月30日，地铁4号线公益西桥—天宫院区段、房山线大葆台—苏庄区段、亦庄线宋家庄—次渠区段、15号线望京西—后沙峪区段、昌平线西二旗—南邵区段同时开通运营，新增的地铁里程达到108 km。这些地铁的开通大大缩短了从北京周边区县与市区之间的距离，带动了近郊区经济的发展。

《北京市城市轨道交通近期建设规划调整（2007—2016年）》于2012年11月12日获国家发改委批复，规划总长119 km，车站63座。

2011年12月31日，8号线森林公园南门—回龙观东大街区段、房山线大葆台—郭公庄区段、9号线郭公庄—北京西站区段、15号线后沙峪—俸伯区段同时开通运营，北京地铁总里程增加了36 km，达到372 km。8号线二期工程北段全长10.7 km，将正在运营的8号线一期工程（奥运支线）北延至回龙观地区，方便回龙观、西三旗居民出行，改善京藏高速严重交通拥堵状况。9号线南段长约11.1 km，可实现与房山线的换乘，将房山线向城区再度延伸，与北京西站"接轨"。15号线一期东段全长11.35 km，将顺义新城进入地铁网络的覆盖范围，顺义居民可直达望京地区。

2012年12月30日，9号线北京西—国家图书馆区段，10号线巴沟—西局区段、首经贸—劲松区段，8号线北土城—鼓楼大街区段，6号线海淀五路居—草房区段同时开通运营，新增运营里程69 km。6号线海淀五路居—草房区段全长30.6 km，是第二条横贯东西的地铁骨干线路，可以减轻地铁1号线的客流压力。9号线北京西—国家图书馆区段呈南北走向，全长5.7 km，乘客可以换乘1号线、6号线和4号线，快速疏散北京西站客流。8号线二期工程南段方便乘客换乘2号线。

图 4-8 房山线良乡大学城站

图 4-9 9号线郭公庄站至丰台科技园站区段

2013年5月5日，10号线首经贸—西局区段，14号线西局—张郭庄区段同时开通运营。2013年12月28日，8号线鼓楼大街—南锣鼓巷区段，回龙观东大街—朱辛庄区段同时开通运营。10号线首经贸—西局区段的开通使10号线成功闭环运营。10号线周边居住规模庞大，办公场所密集，10号线形成环路给居民出行带来极大便利。2013年北京市轨道交通新增运营里程65 km。

2014年12月28日，14号线金台路—善各庄区段，15号线望京西—清华东路西口区段，7号线北京西—焦化厂区段，6号线草房—潞城区段同时开通运营，新增运营里程62 km，基本实现"三环、四横、五纵、七放射"格局。

4.1.5 2015—2021年

此期间北京地铁的建设主要依据《北京市城市轨道交通第二期建设规划（2015—2021年）》[71]。

为进一步完善城市轨道交通线网，2014年，北京市制定了《北京市城市轨道交通第二期建设规划（2015—2021年）》，于2015年获国家发改委批复，新增12条（段）线路，总长262.9 km，车站121座。

2015年，开通了14号线中段（金台路—北京南站区段）、昌平线二期工程（南邵—昌平西山口区段）。14号线中段的开通进一步提升了大望路商圈的交通便利度，为该线路周边居民提供更多的出行方式，也在很大程度上缓解了北京南站的交通压力。昌平线二期工程对于促进昌平新城及沿线发展具有重要意义。

2016年，地铁16号线北段（西苑—北安河区段）开通运营，该线路的开通方便了海淀山后地区人们的出行。

2017年9月，《北京市城市轨道交通第二期建设规划（2015—2021年）》根据《北京城市总体规划（2016年—2035年）》进行了调整。2019年，国家发改委批复的《北京市城市轨道交通第二期建设规划调整（2019—2022年）》[72]包含5条线路，其中新机场线、中央商务区线、平谷线为二期建设规划方案调整项目，11号线西段（冬奥支线）、13号线扩能提升工程为新增项目，总计新增运营里程122.7 km。

2017年12月30日，房山线苏庄—阎村东区段、燕房线阎村东—燕山区段、S1线金安桥—石厂区段同时开通运营。燕房线的运营方便了燕山地区人民的出行（见图4-10）。北京地铁S1线是中国第二条、北京首条中低速磁浮线路（见图4-11），其开通标志着中低速磁浮交通技术在北京成功落地。S1线可与北京地铁1号线、6号线等线路进行换乘，改善了门头沟地区的交通条件。

图4-10 地铁燕房线　　　　　图4-11 地铁S1线

2018年12月30日，8号线瀛海—珠市口区段与南锣鼓巷—中国美术馆区段、6号线海淀五路居—金安桥区段同时开通运营，北京地铁新增里程28.6 km。此次开通的8号线全长约18.3 km，线路沿北京城市南北中轴线，途

经东城、西城、丰台、大兴4个区。6号线西延（海淀五路居—金安桥区段）全长约10.3 km，向西穿越海淀、石景山两区，在金安桥站与地铁S1线实现换乘，至此，6号线这条西起金安桥、东至潞城，横贯东西的城市大动脉形成。

2019年，大兴机场线草桥—大兴机场区段、7号线焦化厂—花庄区段、八通线土桥—花庄区段开通了。其中，大兴机场线全长41.36 km，与大兴机场同时开始运营，此线路的开通方便群众通过轨道交通快速进入大兴机场，如图4-12所示。

图 4-12　大兴机场线

2020年，16号线西苑—甘家口区段以及房山线郭公庄—东管头南区段开通了，线路的连接和延长进一步加密了地铁网络。

2021年8月26日，7号线及八通线花庄—环球度假区区段开通；同年12月31日，19号线一期工程（牡丹园—新宫区段）、17号线南段（十里河—嘉会湖区段）、11号线西段（金安桥—新首钢区段）、机场线西延（东直门—北新桥区段）、8号线三期剩余段（珠市口—中国美术馆区段）、14号线剩余段（北京南站—西局区段）、S1线剩余段（金安桥—苹果园区段）、昌平线南延（西二旗—清河区段）、16号线中段（甘家口—玉渊潭东门区段）同时开通运营，新增运营里程56.1 km。11号线西段（冬奥支线）在金安桥站与既有S1线、6号线实现双向换乘，直达新首钢园区，服务冬奥会。17号线南段线路长15.8 km，均为地下线，它的开通将助力南部新城快速发展，并方便沿线居民快速出行。19号线一期运营线路长20.9 km，均为地下线，贯穿草桥交通枢纽及金融街、牡丹园等商业核心区。8号线三期剩余段的开通将8号线连接为一个整体，形成贯穿首都南北城区的另一条大动脉。14号线剩余段的开通终于使全线贯通运营，作为首个连接丰台区与东西城区的重要交通线路，将加强北京东西城区之间的联系，极大地方便了北京西南、南部和东部市区居民出行。

4.2 地铁隧道工程技术

地铁隧道施工方法主要有明挖法、矿山法、盾构法等。

1965—1984年，北京地铁隧道主要采用明挖法进行施工，包括北京地铁一期及二期工程。

1986—2000年，北京地铁隧道主要采用矿山法中的浅埋暗挖法进行施工。北京地铁复兴门折返线是第一个采用浅埋暗挖法施工的工程，此外还包括地铁复八线。

2000年至今，浅埋暗挖法和盾构法两种施工方法占据了地铁隧道施工的绝大部分。北京地铁5号线首次采用盾构法，于2002—2007年进行施工，施工总长度约为6.1 km，盾构法长度在地下线路长度中占比为39.6%；地铁10号线盾构法施工总长度约为6.6 km，约占线路总长度的32%；地铁4号线盾构法施工总长度约为11.8 km，占线路总长度的51%；机场线盾构法施工长度约为6.6 km，约占线路总长度的24.5%。

北京地层主要为第四系永定河山前冲洪积层和河流相的沉积层，由砂、砂卵石、圆砾及黏土、粉土、黏质粉土和粉质黏土等互层组成[73]。盾构法适用于在粉质黏土、黏质粉土、中细砂地层中进行施工，在砂卵石层中进行施工时，切削困难，刀盘较易磨损。在地下水比较丰富、设计有折返线等非标准断面区间的情况下，考虑采用浅埋暗挖法。

4.2.1 明挖法

在地面开挖基坑修筑城市轨道交通工程的方法称为明挖法，其隧道结构形式一般为矩形钢筋混凝土框架结构。

北京地区采用明挖法进行施工的地铁区段，主要有地铁1号线（苹果园—复兴门区段）以及地铁2号线（复兴门—建国门区段），因为这两条线路修建时间较早，地表建筑相对较少，对变形控制不严格，并且采用明挖法也较为符合当时的社会经济条件，但它会对古建筑等一些地面建（构）筑物造成一定损害。

明挖法费用相对较低，适用于不同的地质条件，技术成熟。但它对周边环境影响大，限制了该工法在城市繁华区域的使用。

4.2.1.1 明挖法的分类

明挖法可分为放坡明挖法、悬臂支护明挖法和围护结构加支撑明挖法。

（1）放坡明挖法

放坡明挖法是指由上向下分层放坡开挖至隧道基底后，再由下向上施作结构，最后回填土方并恢复地表状态的施工方法。

放坡明挖法适用于埋深浅、边坡土体稳定性好，且地表没有近距离的建（构）筑物的隧道工程。放坡明挖法虽然开挖方量较大且易受地下水影响，但可以使用大型土方机械，施工速度快，质量也易得到保证，作业场所环境条件好，施工安全度高。

（2）悬臂支护明挖法

悬臂支护明挖法是在围护结构的保护下开挖基坑内的土体至隧道基底高程后，再施作隧道结构，回填土方并恢复地表状态的施工方法。

悬臂支护明挖法常用的围护结构有钻孔灌注桩、地下连续墙等。此方法适用于埋深较浅、边坡土体稳定性较差，且地表有一定的限制性要求的隧道工程。

（3）围护结构加支撑明挖法

围护结构加支撑明挖法指当基坑深度大、围护结构的悬臂长时，需在围护结构的悬臂范围内架设水平支撑以加强围护结构，共同抵抗土压力；在主体结构施工过程中，逐层分段拆除水平支撑，完成结构体系转换，最后施作结构外回填土方并恢复地表状态。

围护结构加支撑明挖法主要适用于隧道埋深大、边坡土体稳定性差、地表有一定限制性要求的隧道工程中。水平支撑常用的形式有横撑、角撑和环梁支撑等。根据材质又可以分为钢管支撑（见图4-13）、混凝土支撑（见图4-14）等。

图 4-13　钢管支撑　　　　　图 4-14　混凝土支撑

4.2.1.2　典型工程

北京地铁1号线苹果园—复兴门区段采用明挖法进行施工，并用矩形断面的钢筋混凝土衬砌。

考虑到当时的社会环境，地铁1号线施工前，技术工作者想采用深埋法，将其修建在基岩层内。但在当时的条件下，深埋隧道存在诸多的问题，比如缺乏深埋技术及经验、造价较高等。因此，技术工作者提出了采用明挖法施工，最终得到中央批准。

明挖法施工会涉及地表建（构）筑物的保护、拆迁等众多问题，因此在城市修建的隧道工程中已经较少使用。

4.2.2　矿山法

矿山法是在土体内采用钻爆法、新奥法或浅埋暗挖法修筑隧道工程等施工方法的统称。北京地铁复兴门折返线是北京第一次采用矿山法施工的隧道工程，复八线工程建设时也采用了矿山法施工。现在，矿山法在隧道工程施工中仍然占据着重要地位。

4.2.2.1　矿山法的分类

（1）钻爆法（传统矿山法）

钻爆法借鉴矿山开拓巷道的方法，基本原理是开挖爆破从而造成岩体破裂松弛，施工中边挖边撑。当地层松软时，可采用挖掘机具开挖，根据围岩稳定程度，边开挖边支护。分部开挖时，断面上最先开挖导坑，再由导坑向断面设计轮廓进行扩大开挖。分部开挖主要是为了减少对围岩的扰动，分部的大小和多少根据地层条件、隧道断面尺寸、支护类型而定[74]。

（2）新奥法

在传统矿山法的基础上使用喷锚支护，新奥法由此形成。

新奥法施工的基本原理是充分利用围岩的自承能力和开挖面的空间约束作用，采用锚杆和喷射混凝土作为主要支护手段，必要时使用钢支撑，及时对围岩进行加固，约束围岩的松弛和变形，并通过对围岩和支护的测量、监控来指导隧道和地下工程施工[75]。

（3）浅埋暗挖法

浅埋暗挖法是现代矿山法中一种具有代表性的施工方法。浅埋暗挖法沿用新奥法的基本原理，初期支护（初支）承担全部荷载，二次衬砌（二衬）作为安全储备，初期支护和二次衬砌共同承担特殊荷载，适用于软弱围岩地层[76]。图4-15、图4-16为浅埋暗挖法二次衬砌施工现场。

图4-15 浅埋暗挖法二次衬砌施工现场1

图4-16 浅埋暗挖法二次衬砌施工现场2

应用浅埋暗挖法设计施工时，采用小导管超前注浆等方法加固围岩，及时支护封闭成环，与围岩联合支护，保障施工安全。

浅埋暗挖法可以分为以下类型：

①全断面开挖法：指一次性开挖全部掌子面，再施工衬砌，适用于土质稳定、断面较小的隧道施工。该工法可降低围岩扰动，利于成拱，过程相对简捷，但对地质条件要求较高。

②台阶开挖法：指先开挖掌子面上部，待开挖至一定长度后，再开挖下部，两部分交替开挖。该工法一般适用于Ⅲ、Ⅳ级围岩（见图4-17）。台阶开挖法作业空间充足，速度快，灵活多变，适用性强；下部留存的土有利于维持隧道稳定，比较安全。

③环形开挖预留核心土法：是在掌子面上方开挖导坑并支护，再开挖掌子面下部两侧，最后挖除中间核心土的方法，是在城市第四纪软土地层采用浅埋暗挖法常用的一种掘进方式。核心土和初期支护能够保障掌子面的稳定性。后期核心土和下部土的开挖又是在初期支护保障状态下进行的，各部分开挖均有有效支撑，安全性好。环形开挖预留核心土法开挖步序如图4-18所示。

④单侧壁导坑法：将隧道的断面分为三部分或四部分，隧道施工宽度变小，同时隧道断面封闭型导坑的初期支护承载能力较大。所以单侧壁导坑法适用于大断面、地表沉降较难控制的隧道。

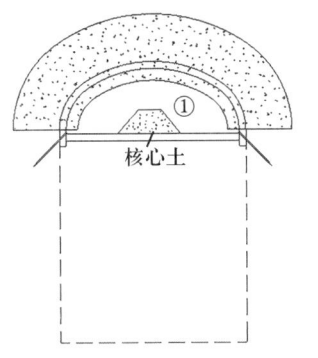

第一步：超前注浆预加固地层。开挖①号洞室，保留核心土，架立钢格栅，采用锁脚锚杆加固拱脚，挂网喷射初支混凝土。及时进行初期支护背后注浆

第二步：①号洞室超前5 m时，台阶开挖②号洞室并施作初期支护

图4-17 台阶开挖法开挖步序

第三步：②号洞室超前10m时，台阶开挖③号洞室并施作初期支护

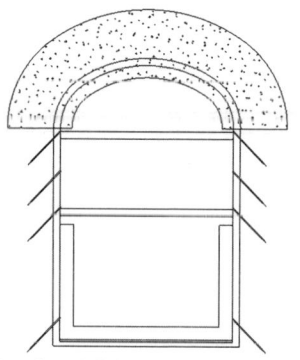

第四步：施作仰拱防水层，浇筑仰拱二衬，预留钢筋、防水板接头

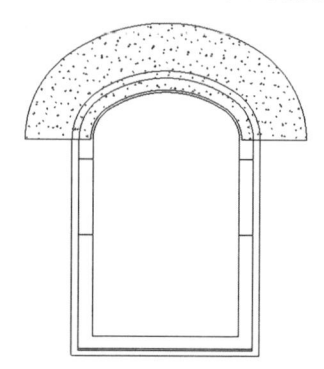

第五步：根据施工监测情况，逐层拆除临时仰拱并施作侧墙及顶拱防水层，浇筑二衬结构，封闭成环。及时进行二衬背后注浆

图 4-17　台阶开挖法开挖步序（续）

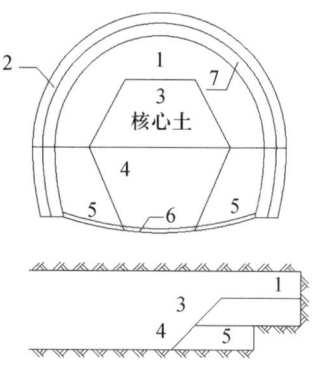

1—上弧形导坑开挖；2—拱部初期支护；3—预留核心土开挖；4—下台阶中部开挖；5—下台阶侧壁开挖；6—仰拱超前浇筑；7—全断面二次衬砌施作。

图 4-18　环形开挖预留核心土法开挖步序

⑤双侧壁导坑法（眼镜工法）：是利用围岩自身承载力，将掌子面分为四块

（见图4-19），从两侧导坑开挖，并及时建造初期支护的方法。当遇到大断面隧道、地层条件差时，可以采用这种方法。双侧壁导坑法每部分开挖完成后及时闭环，故变形较小，施工安全。

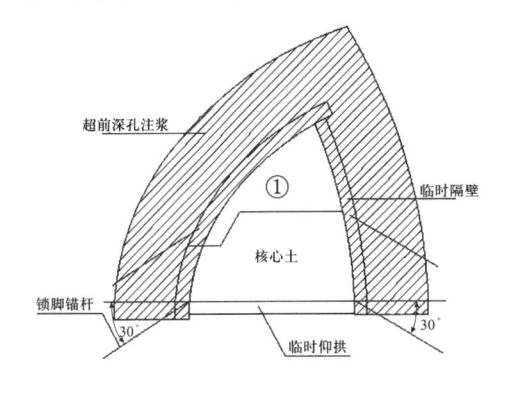

第一步：施作洞室①拱部超前深孔注浆加固地层；分台阶开挖洞室①土体，施作拱部支护及临时隔壁、临时仰拱

第二步：洞室①超前洞室② 3~5 m时，开挖洞室②土体，施作边墙、仰拱支护及临时隔壁

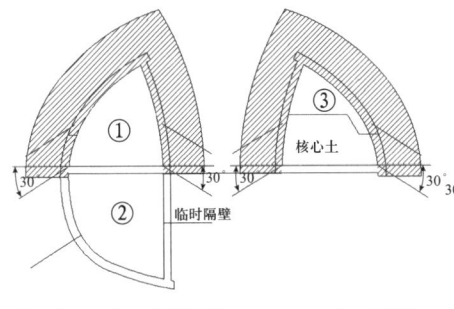

第三步：洞室②超前洞室③ 15~20 m时，施作洞室③拱部超前深孔注浆加固地层；开挖洞室③土体，施作拱部支护及临时隔壁、临时仰拱

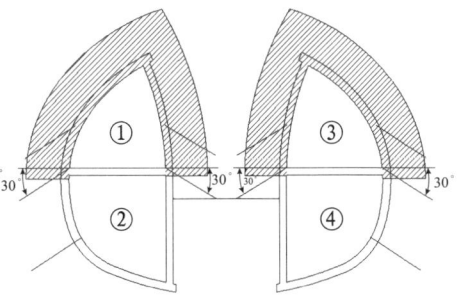

第四步：洞室③超前洞室④ 3~5 m时，开挖洞室④土体，施作边墙、仰拱支护

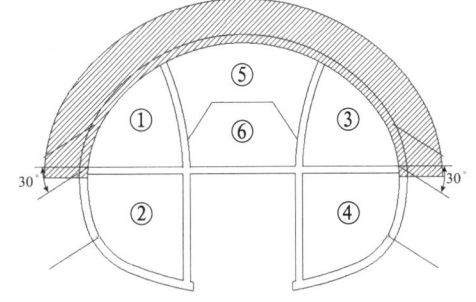

第五步：洞室④前进20~30 m后，施作洞室⑤部分超前深孔注浆加固地层；弧形导坑开挖洞室⑤土体，施作初期支护；洞室⑤土体开挖3~5 m后开挖洞室⑥土体，施作临时仰拱，架设临时支撑

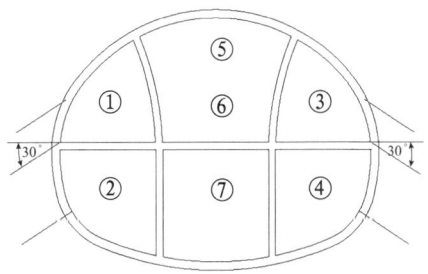

第六步：洞室⑥土体开挖3~5 m后开挖洞室⑦土体，施作初期支护

图4-19 双侧壁导坑法开挖步序

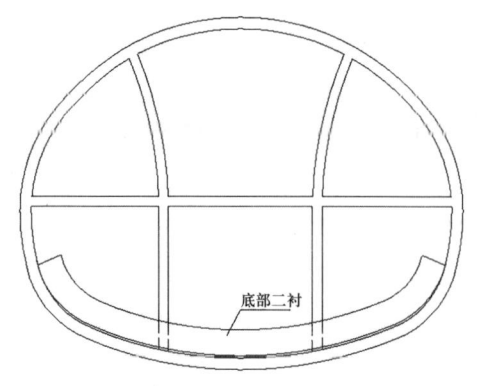

第七步：分段（根据监测情况确定，纵向不超过6 m）依次截断仰拱厚度范围内的中隔壁，一次截断一侧一榀（隔一截一），然后铺设防水板及保护层，分段内的格栅截断、防水层铺设施工完成后，浇筑仰拱混凝土，待上一段混凝土达到设计强度后，进行下一段中隔壁截断及仰拱浇筑

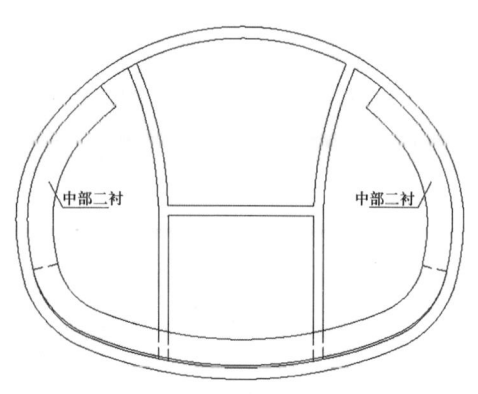

第八步：架设临时支撑，纵向分段（6 m）拆除两侧临时仰拱，施作中部二次衬砌

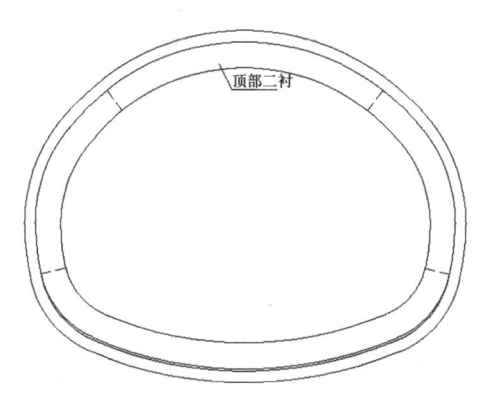

第九步：架设临时支撑，纵向分段（3~6 m）隔一榀拆除一榀临时隔壁，浇筑顶部二衬，封闭成环

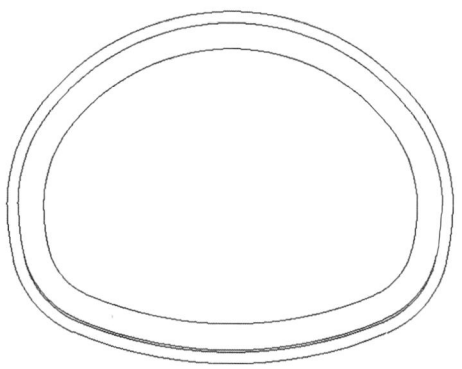

第十步：顶拱混凝土达到强度后，拆除临时支撑，二衬封闭成环，达到设计强度后拆除剩余中隔壁

图 4-19　双侧壁导坑法开挖步序（续）

⑥中隔壁法（CD 工法）和交叉中隔壁法（CRD 工法）：CD 工法适用于地层条件差、沉降要求严格的隧道施工。CRD 工法与 CD 工法相比，加设了仰拱，更有利于控制变形（见图 4-20）。CD 工法和 CRD 工法用于大断面隧道，"快挖，快闭"，预留核心土，避免沉降过大。

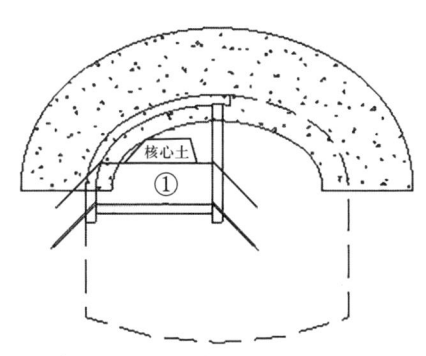

第一步：超前深孔注浆预加固地层。台阶开挖①号洞室，保留核心土，架立钢格栅，采用锁脚锚杆加固拱脚，挂网喷射初支混凝土。及时进行初期支护背后注浆

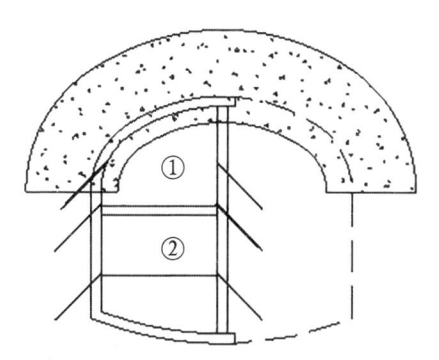

第二步：①号洞室超前5 m时，台阶开挖②号洞室并施作初期支护

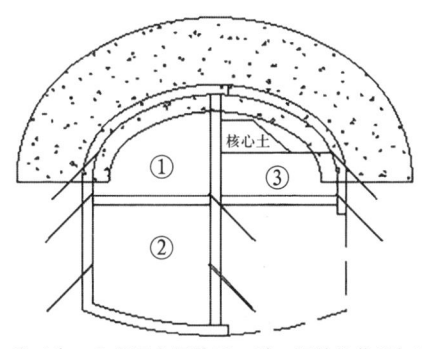

第三步：②号洞室超前10 m时，超前注浆预加固地层。台阶开挖③号洞室，保留核心土，架立钢格栅，采用锁脚锚杆加固墙脚，挂网喷射初支混凝土。及时进行初期支护背后注浆

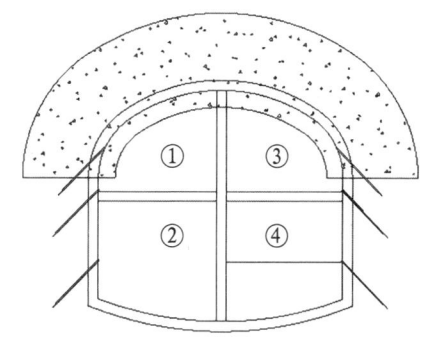

第四步：③号洞室超前5 m时，台阶开挖④号洞室并施作初期支护

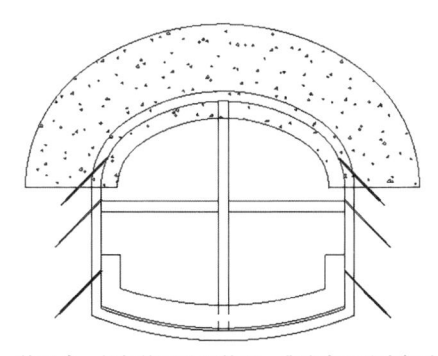

第五步：根据施工监测情况，凿除中隔壁底部喷混凝土，不截断工字钢，施作仰拱防水层（中隔壁型钢与仰拱相接处采用加强防水措施），浇筑仰拱二衬，预留钢筋、防水板接头

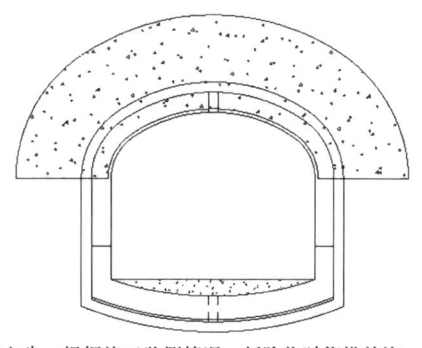

第六步：根据施工监测情况，拆除临时仰拱并施作侧墙及顶拱防水层（中隔壁型钢与顶拱相接处采用加强防水措施），浇筑二衬结构，封闭成环，达到结构设计强度后再拆除临时中隔壁。及时进行二衬背后注浆

图 4-20　CRD工法开挖步序

4.2.2.2 典型工程

复兴门折返线是北京首次采用浅埋暗挖法施工的工程，线路全长358 m，由南北两条止线和一条折返线组成。隧道断面变化多，包括单线隧道445 m，双线隧道262 m，渡线隧道43 m，不同跨度、高度的断面形式有33个，隧道开挖跨度自6.96 m到14.86 m不等，拱顶至路面的覆土厚度为9~12 m，覆跨比为0.67。隧道主体结构处于第四纪冲积洪积层中，主要由粉细砂及砂砾石组成，该地层松散，自稳能力差[77]。

在该工程中，单线和双线断面采用正台阶开挖法施工，渡线大跨度断面采用单侧壁导坑正台阶法施工。考虑到地层条件较差，采用注浆方法进行充填，包括小导管注浆和长管深孔前进式、劈裂预注浆。采用小导管超前支护和注浆是防止工作面失稳和减少地面下沉的重要措施，小导管必须和钢拱架联结。该工程的现场监测项目有拱顶下沉、收敛变形、地表沉降、土体深层水平及竖向位移、钢格栅应变、土压力、初支拱脚压力、地表车辆引起的振动等。施工过程中的实时监测极大地保障了施工安全。

北京复兴门地铁折返线工程证实了浅埋暗挖法在城市修建地下工程的巨大潜力，自此北京地区越来越多的隧道工程选择了该法。

4.2.2.3 运营中的问题

矿山法施工的隧道在运营期的病害主要有渗漏水、开裂、混凝土碳化等问题，衬砌裂缝是矿山法施工隧道的主要病害之一，同时，在衬砌变形缝处、裂缝处、防水层破坏处等薄弱环节，易发生渗漏水现象。

①北京地铁为某暗挖区间侧墙表面共发现87条竖向裂缝。其中，上行线82条，宽度为0.2~1 mm，长度均大于1 m，最长裂缝已贯通，深度为80~271 mm；下行线5条，宽度为0.23~0.45 mm，长度为0.7~2 m，深度为93~206 mm。检测范围内未发现渗漏水现象（检测范围为单线327 m，检测时线路运营8年）。图4-21为典型裂缝实拍图。

②某暗挖区间侧墙表面共发现27条竖向裂缝。其中，上行线11条，宽度为0.14~0.8 mm，长度均大于2 m，最长裂缝已贯通，深度为35~190 mm；下行线16条，宽度为0.14~0.42 mm，长度均大于1.8 m，最长裂缝已贯通，深度

为 37~162 mm。检测范围内区间隧道发现 9 处干涸后的水迹，主要发生于结构裂缝、变形缝、施工缝等薄弱部位（检测范围为双线 120 m，检测时运营 6 年零 4 个月）。图 4-22 为干渍典型照片。

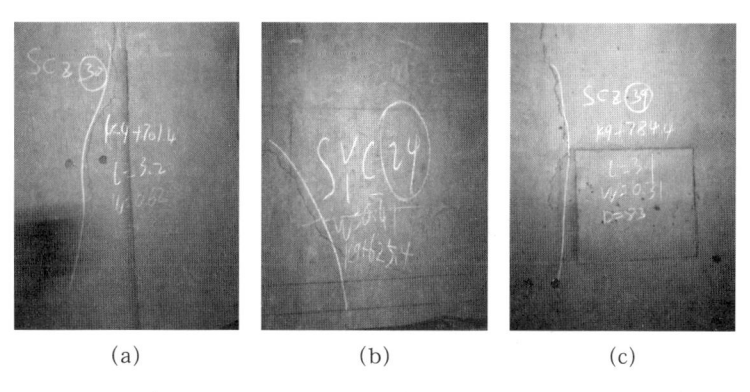

(a)　　　　　　　　(b)　　　　　　　　(c)

图 4-21　典型裂缝实拍图

于检测范围内抽取 26 块区间侧墙构件检测碳化深度。检测范围内，侧墙碳化深度为 6.0 mm，共计 26 个，占比 100%。

4.2.3　盾构法

盾构法是指采用盾构机修建隧道，在维持土层稳定的前提下，在盾壳保护下拼装管片，形成隧道衬砌。盾构法在隧道施工工程中的应用越来越多，"能盾则盾"几乎成了当今设计人员的共识。

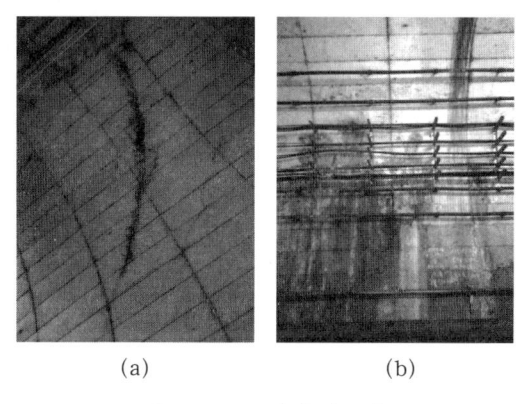

(a)　　　　　　　　(b)

图 4-22　干渍典型照片

盾构法施工流程：①建造始发井及接收井。②在始发井调整安装盾构机。

③盾构机在始发井开孔处出发,沿着设计轴线推进。推进过程中保持开挖面的稳定,依靠舱内的出土机械出土,中部的千斤顶推进盾构机前进,并安装盾构管片(见图4-23)。同时进行二次注浆,减小地表沉降。④盾构机到达接收井后,检修盾构机或者解体盾构机并运出。图4-24为盾构机到达接收井现场图。

(a)   (b)

图4-23 盾构法施工管片拼装

(a)   (b)

图4-24 盾构机到达接收井

盾构法施工一般在地下进行,受气候影响小。施工过程中,盾壳可以起到很好的支撑作用,减小对周边环境的影响,不影响地面交通。

4.2.3.1 典型工程

北京地铁5号线,是北京市第一条采用盾构法施工的线路。5号线中的7个区段采用了盾构法施工,包括宋家庄—刘家窑区段、东单—灯市口区段、灯市口—东四区段、张自忠路—北新桥区段、北新桥—雍和宫区段、雍和宫—

和平里北街区段及东四—张自忠路区段。5号线区段线路总长度约为23.9 km，地下线路总长度约为15.4 km，盾构法施工总长度约为6.1 km，盾构法长度在地下线路总长度中占比约为39.6%。

5号线施工多次穿越既有建筑物的高风险地段，包括6次穿越地铁和国铁既有线路，5次跨越河流，11次穿越城市主干道，41次穿越桥梁设施等各种工况，自身风险与周边环境风险叠加耦合，使施工风险大大增加。如果采用矿山法，为保证在无水条件下进行施工，对地表水或者地下水进行处理需要增加大量的工作量。另外，5号线穿越首都核心区，地表交通量大，施工过程中交通不能中断，周边重要建（构）筑物繁多，很多建筑物年代久远，对变形比较敏感，在这种状况下，盾构法是较为稳妥的选择。

因为5号线是北京第一个采用盾构法施工的工程，施工地段地质条件与其他地区也有一定的差异，没有以往的经验可以借鉴，在这种情况下，需要利用试验段以确定施工参数，保证工程的顺利实施。该工程试验段选在北新桥—雍和宫区段线路的左线，试验段隧道长度约为688 m。试验段的设置使技术人员初步掌握了北京地层条件下盾构法隧道衬砌设计和施工技术。

地铁5号线试验段为其他区间的盾构施工奠定了基础，自此以后，北京越来越多的地铁工程开始采用盾构施工。

4.2.3.2 盾构隧道运营中的问题

盾构隧道运营中会出现管片错台、开裂、挤压、掉角、渗水等病害。

①北京地铁某盾构区间双线100 m范围管片上发现3处水渍现象（见图4-25），其中上行线1处，下行线2处，2处位于缓和曲线内，1处位于缓和曲线和直线段的接合处附近，均发生于管片相邻环连接处或者每环内相邻管片连接处；同时发现曲线段管片的错台大于直线段（检测时运营4年零3个月）。

②某盾构区间单线500 m检测范围内管片未发现裂缝、缺棱、掉角等情况，但发现14处水渍（见图4-26），其中13处位于缓和曲线及圆曲线内，1处位于直线段内，均发生于管片相邻环连接处或者每环内相邻管片连接处（检测时运营10年零8个月）。

(a) (b) (c)

图 4-25 北京地铁 6 号线某盾构区间水渍实拍照片

(a) (b) (c)

图 4-26 机场线某盾构区间水渍实拍照片

4.2.4 地铁隧道施工过程中的监测

隧道施工过程中的监测是指采用仪器设备对工程自身及周边环境进行监测，获取施工过程中的变形及内力变化，用以指导工程施工，降低施工风险。隧道工程根据工程监测等级确定监测项目。监测项目分为工程自身监测项目以及周边环境监测项目。监测点的布设根据工程风险等级、地质条件、周边环境风险等级综合确定，以全面反映隧道及周边环境变形规律。在重点监测部位及阶段加强监测，如明挖法基坑土体全部开挖完成、拆除支撑阶段，矿山法临时结构和永久结构受力转换阶段，盾构法隧道盾尾脱出阶段等。

根据《城市轨道交通工程监测技术规范》(GB 50911—2013),施工时应对隧道及周边环境进行监测,监测项目要求见表 4-1~ 表 4-4。

表 4-1 明挖法支护结构和周围岩土体监测项目

序号	监测项目	工程监测等级 (√:应测项目;○:选测项目)		
		一级	二级	三级
1	支护桩(墙)、边坡顶部水平位移	√	√	√
2	支护桩(墙)、边坡顶部竖向位移	√	√	√
3	支护桩(墙)水平位移	√	√	○
4	支护桩(墙)结构应力	○	○	○
5	立柱结构竖向位移	√	√	○
6	立柱结构水平位移	√	○	○
7	立柱结构应力	○	○	○
8	支撑轴力	√	√	√
9	顶板应力	○	○	○
10	锚杆拉力	√	√	√
11	土钉拉力	○	○	○
12	地表沉降	√	√	√
13	竖井井壁支护结构净空收敛	√	√	√
14	土体深层水平位移	○	○	○
15	土体分层竖向位移	○	○	○
16	坑底隆起(回弹)	○	○	○
17	支护桩(墙)侧向土压力	○	○	○
18	地下水位	√	√	√
19	孔隙水压力	○	○	○

表4-2 矿山法隧道支护结构和周围岩土体监测项目

序号	监测项目	工程监测等级（√：应测项目，○．选测项目）		
		一级	二级	三级
1	初期支护结构拱顶沉降	√	√	√
2	初期支护结构底板竖向位移	√	○	○
3	初期支护结构净空收敛	√	√	√
4	隧道拱脚竖向位移	○	○	○
5	中柱结构竖向位移	√	√	√
6	中柱结构倾斜	○	○	○
7	中柱结构应力	○	○	○
8	初期支护结构、二次衬砌应力	○	○	○
9	地表沉降	√	√	√
10	土体深层水平位移	○	○	○
11	土体分层竖向位移	○	○	○
12	围岩压力	○	○	○
13	地下水位	√	√	√

表4-3 盾构法隧道管片结构和周围岩土体监测项目

序号	监测项目	工程监测等级（√：应测项目；○：选测项目）		
		一级	二级	三级
1	管片结构竖向位移	√	√	√
2	管片结构水平位移	√	○	○
3	管片结构净空收敛	√	√	√
4	管片结构应力	○	○	○
5	管片连接螺栓应力	○	○	○
6	地表沉降	√	√	√
7	土体深层水平位移	○	○	○

续表

序号	监测项目	工程监测等级（√：应测项目；○：选测项目）		
		一级	二级	三级
8	土体分层竖向位移	○	○	○
9	管片围岩压力	○	○	○
10	孔隙水压力	○	○	○

表 4-4 周边环境监测项目

监测对象	监测项目	工程影响分区（√：应测项目；○：选测项目）	
		主要影响区	次要影响区
建（构）筑物	竖向位移	√	√
	水平位移	○	○
	倾斜	○	○
	裂缝	√	○
地下管线	竖向位移	√	○
	水平位移	○	○
	差异沉降	√	○
高速公路与城市道路	路面路基竖向位移	√	○
	挡墙竖向位移	√	○
	挡墙倾斜	√	○
桥梁	墩台竖向位移	√	√
	墩台差异沉降	√	√
	墩柱倾斜	√	√
	梁板应力	○	○
	裂缝	√	○
既有城市轨道交通	隧道结构竖向位移	√	√
	隧道结构水平位移	√	○
	隧道结构净空收敛	○	○

续表

监测对象	监测项目	工程影响分区（√：应测项目；○：选测项目）	
		主要影响区	次要影响区
既有城市轨道交通	隧道结构变形缝差异沉降	√	√
	轨道结构（道床）竖向位移	√	√
	轨道静态几何形位（轨距、轨向、高低、水平）	√	√
	隧道、轨道结构裂缝	√	○
既有铁路（包括城市轨道交通地面线）	路基竖向位移	√	√
	轨道静态几何形位（轨距、轨向、高低、水平）	√	√

监测频率应满足工程需要，能够准确地反映施工过程中监测对象的变化规律，并根据施工进度、监测对象分配不同的监测频率。当遇到监测数据异常或极端天气时，应加密监测。监测周期应于施工前开始，至新建工程施工完成，监测数据趋于稳定，且满足建设单位要求时方可结束。

监测过程应对实测值和速率值进行控制。在监测数据达到控制值的一定比例时，启动相应的响应措施。如遇监测数据突变，或巡视中发现支护体系出现明显变形及裂缝、渗漏等异常情况，应立即上报监测情况并采取暂停施工、分析原因等相关措施，保证施工安全。

第五章 城市综合管廊工程和人行过街地道

5.1 城市综合管廊工程

根据国家统计局第七次全国人口普查结果，城镇人口占总人口的63.89%。随着城市建设规模不断扩大，城市新区建设和老旧小区改造更新项目也越来越多，作为城市生命线的地下管网，提质更新成为市政基础设施建设新的增长点。一方面，原有的各种市政管线预留不足或者长期老化等问题越发突出，已不能满足当前城市发展更新要求；另一方面，由于各种市政管线种类多，产权单位多，管理权属于不同的部门，难以统一管理和建设，"马路拉链"现象时有发生，不仅会在经济上产生巨大损失，还会影响城市交通、市容环境等。而城市地下综合管廊具有集约利用土地和地下空间资源、减少城市地下管线反复开挖施工、增强管线运行安全可靠性等诸多优点，被市政府提到城市更新改造，尤其是城市新区基础设施建设的议事日程上来。

5.1.1 发展概况

5.1.1.1 我国城市综合管廊建设总体情况

（1）发展阶段

我国的城市地下综合管廊的建设虽然起步较晚，但近年来得到了迅猛发展。基于历史原因以及城市发展规模不断扩大和发展质量不断提高，我国的城市地下综合管廊大体经历了概念阶段、争议阶段、快速发展阶段、赶超和创新阶段、有序推进阶段五个发展阶段，如表5-1所示。

表 5-1 我国城市综合管廊建设发展阶段

发展阶段	概念	争议	快速发展	赶超和创新	有序推进
时间	1978年以前	1979—2000年	2000—2010年	2010—2017年	2018年以后

（2）政策引导

自2013年起，关于城市地下综合管廊建设的若干指导意见和政策不断出台（见表5-2），这些指导性文件加快了城市地下综合管廊的建设进程。

表 5-2 政府关于城市地下综合管廊建设相关指导意见及政策

出台时间	文件名称
2013年9月13日	《国务院关于加强城市基础设施建设的意见》（国发〔2013〕36号）
2014年6月14日	《国务院办公厅关于加强城市地下管线建设管理的指导意见》（国办发〔2014〕27号）
2014年11月26日	《国务院关于创新重点领域投融资机制鼓励社会投资的指导意见》（国发〔2014〕60号）
2015年5月26日	《住房城乡建设部关于印发〈城市地下综合管廊工程规划编制指引〉的通知》（建城〔2015〕70号）
2015年6月15日	《住房城乡建设部关于印发〈城市综合管廊工程投资估算指标〉（试行）的通知》（建标〔2015〕85号）
2015年8月10日	《国务院办公厅关于推进城市地下综合管廊建设的指导意见》（国办发〔2015〕61号）
2015年11月26日	《国家发展改革委 住房和城乡建设部关于城市地下综合管廊实行有偿使用制度的指导意见》（发改价格〔2015〕2754号）
2016年2月6日	《中共中央 国务院印发〈关于进一步加强城市规划建设管理工作的若干意见〉》（国务院公报2016年第7号）
2016年4月14日	《住房城乡建设部关于建立全国城市地下综合管廊建设信息周报制度的通知》（建城〔2016〕69号）
2017年6月9日	《住房城乡建设部关于印发城市地下综合管廊工程消耗量定额的通知》（建标〔2017〕131号）
2018年1月7日	《中共中央办公厅 国务院办公厅印发〈关于推进城市安全发展的意见〉》（国务院公报2018年第2号）

在规划建设方面，政府提出：新建城区、各类既有园区、规模较大的开发区域中新建道路必须同步建设地下综合管廊；老旧城区要结合地铁建设、河道

整治、道路更新、旧城改造等，逐步有序地推进地下综合管廊建设。要求设置地下综合管廊的区域，各类管线必须全部入廊。

在运营投资方面，政府提出了管线入廊主体应向建设运营单位支付有偿使用费；提高中长期贷款的资金支持力度；通过专项金融债发行，补充资本金不足部分。

（3）规划目标

据2022年7月住房和城乡建设部召开的新闻发布会介绍，从2015年开始试点，到2022年6月底，全国279个城市、104个县，累计开工建设管廊项目1 647个、长度5 902 km，形成廊体3 997 km。这些建设成果距离住房和城乡建设部、国家发改委发布的《全国城市市政基础设施规划建设"十三五"规划》中设立的干线、支线地下综合管廊8 000 km以上的目标还有一定的差距[78]。

5.1.1.2 北京市城市综合管廊建设情况

北京作为全国政治中心、文化中心、国际交往中心、科技创新中心，对市政基础设施建设管理有更高的要求，也是国内开展地下综合管廊建设比较早的城市，其发展历程大体可以分为以下两个阶段：

初始建设阶段。1958—1977年，主要建设了建国门内大街等综合管廊项目，见表5-3。该阶段建设的综合管廊，主要以单舱小断面形式为主。此后20余年，由于政治、经济等各种情况，综合管廊的建设未得到充分发展[79]。

表5-3 初始建设阶段部分管廊建设项目信息

建设年代	长度/km	位置	背景
1958年	1.0	东单、方巾巷和建国门路口	建国门内大街道路的拓宽改造
1959年	1.07	天安门广场下	天安门广场改建
1977年	0.5	天安门广场下	修建毛主席纪念堂

积极探索推广阶段。1993—2022年，先后建设完成了包括高碑店污水处理厂的一期、二期综合管廊工程，王府井地下商业街综合管廊，中关村西区地下管廊，昌平区北七家镇综合管廊，广渠路东延下穿东六环综合管廊，通州运河核心区综合管廊等10余项综合管廊项目。具体建设信息见表5-4。

表 5-4 积极探索推广阶段部分管廊建设项目信息

建设时间/年	项目名称	管线种类	长度/m
1993—1999	高碑店污水处理厂综合管廊	上水管、中水管、混合污泥管、剩余污泥管、电缆（电力、通信、照明、控制、广告电缆等）、氯气管、采样管等	5 000
2001—2003	中关村西区地下管廊	地下一层：单向双车道交通环廊； 地下二层为支管廊（连接各地块与地下三层主管廊各管线）和综合商业； 地下三层主管廊：燃气、电信、电力、给水与热力	1 900
2009—2013	昌平区北七家镇综合管廊	电力、热力、通信、给水、再生水	3 900
2016—2019	王府井地下商业街综合管廊	上层：电力舱和逃生通道； 下层：给水舱、热力舱和电信舱，给水、电力、通信、热力管线	915
2018—2022	广渠路东延下穿东六环综合管廊	单舱形式，给水、再生水以及通信管线	6 500
2011—2016	通州运河核心区综合管廊	给水、电力、热力、电信、垃圾处理	2 300

昌平区北七家镇综合管廊是北京市第一条真正意义上的城市地下综合管廊，位于地下 11 m 处，总长度为 3.9 km，造价为 8.3 亿元，是当时国内造价最高的综合管廊。平面位置如图 5-1 所示。

图 5-1 昌平区北七家镇综合管廊平面位置

2022年7月，广渠路东延下穿东六环综合管廊工程建设完成，自怡乐中路以东至芙蓉路设置了地下道路，地上与地下都建了双向六车道的主路，全长 6.5 km，车辆可同时在上下两个层面行驶，能有效提升路网交通承载能力。此条管廊为单舱形式，将给水、再生水以及通信等管线收纳入廊。

建设中的通州运河核心区综合管廊项目长 2.3 km（平面位置见图 5-2），其中的垃圾处理管道采用"气力垃圾收集系统"，服务面积约为 0.4 km^2，管线总长约为 1.920 km，日收集垃圾约为 23 t。

图 5-2 通州运河核心区综合管廊平面位置图

"十三五"期间，北京市综合管廊建设进入快速发展阶段，建成并投入运营的综合管廊共 32 条，总长度为 199.69 km，包括给水、电力、通信、排水、热力、天然气、真空垃圾和其他（含供冷、医疗、供气）共 8 大类 14 小类管线，入廊管线总长度为 2 640 km。

根据中共中央、国务院批复的《北京城市总体规划（2016年—2035年）》，北京以重点功能区、重要开发区和重大线性工程为先导规划建设综合管廊，到 2020 年，全市建成综合管廊长度由 2017 年的约 12.5 km 提高到 150~200 km，到 2035 年将达到 450 km 左右。

5.1.2 规划设计

城市地下综合管廊工程由于前期投资高、受既有市政基础设施的限制影响大等特点，其建设过程中存在区域位置选择、设计与施工方案是否协调一致、运营管理涉及多个部门等多种问题，要做到规划理念先进、达到远近期综合收益，对地下空间复杂结构规划和设计提出了更高的要求。

5.1.2.1 规划重点建设区域

根据《城市综合管廊工程技术规范》（GB 50838—2015）相关规定：综合管廊工程的规划与建设应与地下空间、环境景观等相关城市基础设施衔接、协调；综合管廊规划应集约利用地下空间，统筹规划综合管廊内部空间，协调综合管廊与其他地上、地下工程的关系。由此可见，综合管廊工程未来将朝着多功能、多结构的方向发展[80]。针对北京市城市功能区及市政基础设施建设特点，结合北京市城市发展规划建设目标，主要有以下重点建设区域：

①新建及改建主、次干道路，主要包括姚家园高架桥，新机场高速公路、改建道路。

②土地一级开发项目，主要包括新建的受壁街、西打磨厂。

③城市重点功能区，结合地下空间建设综合管廊。主要包括环球影城、临空经济区、通州行政区、北京世园公园等。

④结合轨道交通促进综合管廊建设方案，主要包括轨道3号线、12号线、17号线、19号线、8号线三期、16号线、新机场线。

5.1.2.2 典型设计方案

综合管廊设计除了要考虑建设的总体布局及选择重点建设区域外，分舱设计、入廊管线布置设计等也同样重要。以下以北京地区典型设计方案为例介绍。

（1）通州运河核心区重点功能区管廊[80, 81]

①通州运河核心区北环环隧综合管廊位于通州运河北环交通环形隧道下方，为双层结构，与环形隧道共构，管廊断面采用三舱布置——水+电信舱、热力舱和电力舱，设计尺寸为 14.15 m × 2.8 m。

②入廊管线包括：110 kV、10 kV 电力管线，DN400 给水管，DN300 再生

水管，24孔电信管线，4孔有线电视管线，2-DN500热力管和DN500气力垃圾输送管。

③通州运河核心区地下空间兼顾地下交通、管廊、地面交通多种功能，交通联系通道设置在地下一层；设备夹层设置在地下二层。其断面布置如图5-3所示。

该方案采用地下空间开发与综合管廊建设相结合的形式，管廊布局、管廊出线形式、地下空间高效利用相结合，达到了协调统一和高效利用地下空间的目的，是目前国际上广泛应用的一种管廊模式。

（2）鲁疃西路综合管廊[80, 82]

①鲁疃西路综合管廊位于道路干线下方，为单层结构，管廊断面采用4舱布置，分别为电力舱（Ⅰ）、电力舱（Ⅱ）、水+电信舱、热力舱，设计尺寸为14 m×2.9 m，如图5-4所示。

②入廊管线包括电力10 kV、110 kV，220 kV电缆，DN600给水管，DN400~DN600再生水管以及预留管位，DN150消防管，24孔电信管线。

③管廊标准断面尺寸为（2.6+2+4+4）m×2.9 m。

该综合管廊结构的特点是：覆土深、断面尺寸大、系统稳定、输送量大、安全度高、管理运营较复杂，可直接供应电力、水、热等使用稳定的大型用户。

（3）广华新城管廊设计方案[80, 83]

①该综合管廊沿前程路、前程南路、锦绣东路、锦绣西路等呈"#"字形布局。管廊断面采用1舱和2舱结构，设计尺寸为5.7 m×3.35 m与3.2 m×3.35 m，如图5-5所示。

②入廊管线包括DN 300给水管、DN300再生水管、DN400热力管、15孔电信管线。

该设计方案主要考虑按需求设置，紧凑型布置，投资效益高。

（4）首都医科大学管廊设计方案

①首都医科大学管廊位于内部道路下方，采用暗挖法施工主体结构，单舱布置，有三种不同的断面尺寸，管廊1线为变截面3.1 m×3.4 m~2.7 m×3.1 m；管廊2线为2.7 m×2.4 m；管廊3线为2.0 m×2.2 m，连接南配电室。标准断面如图5-6所示。

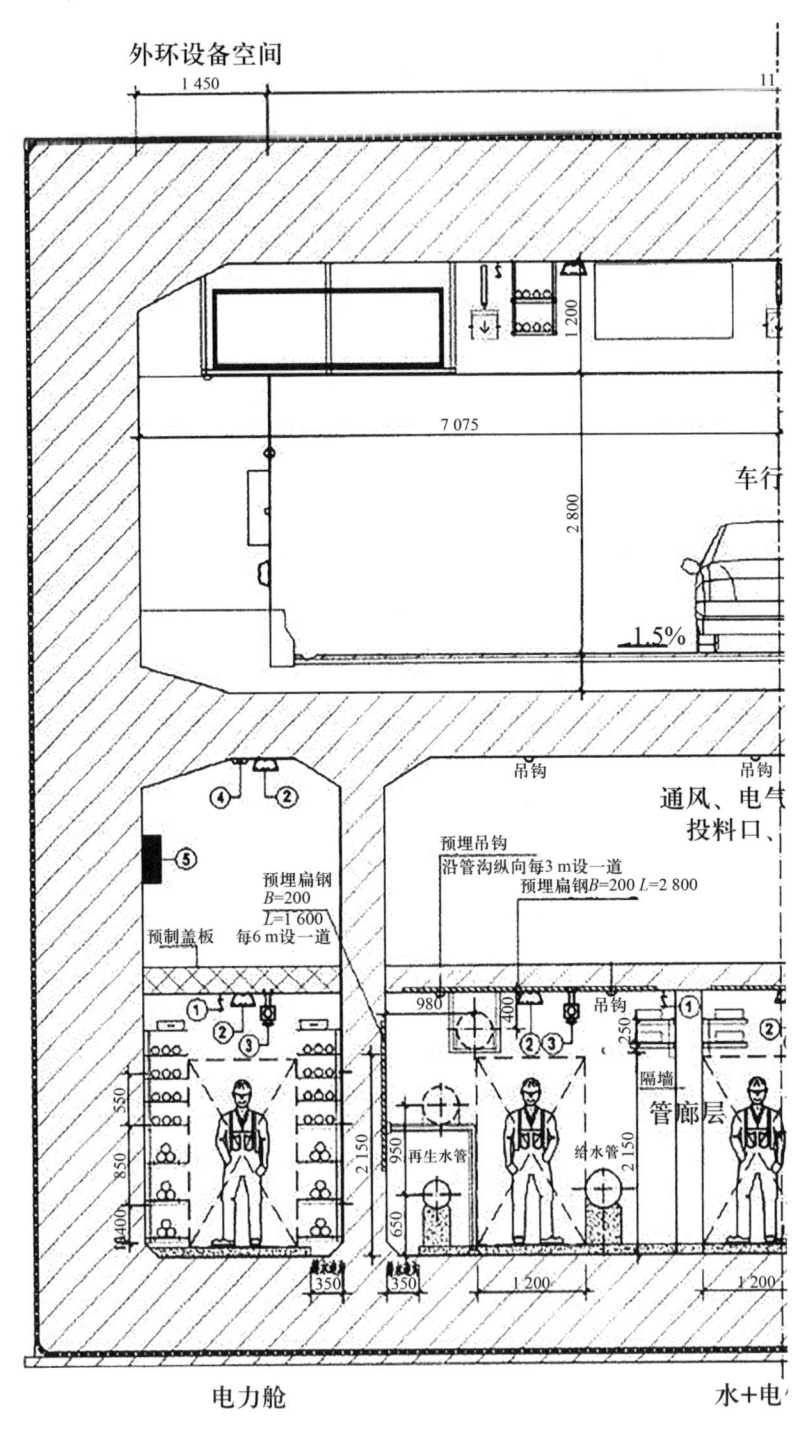

图 5-3 通州运河核心区综合管廊断面示意图（单位：mm）

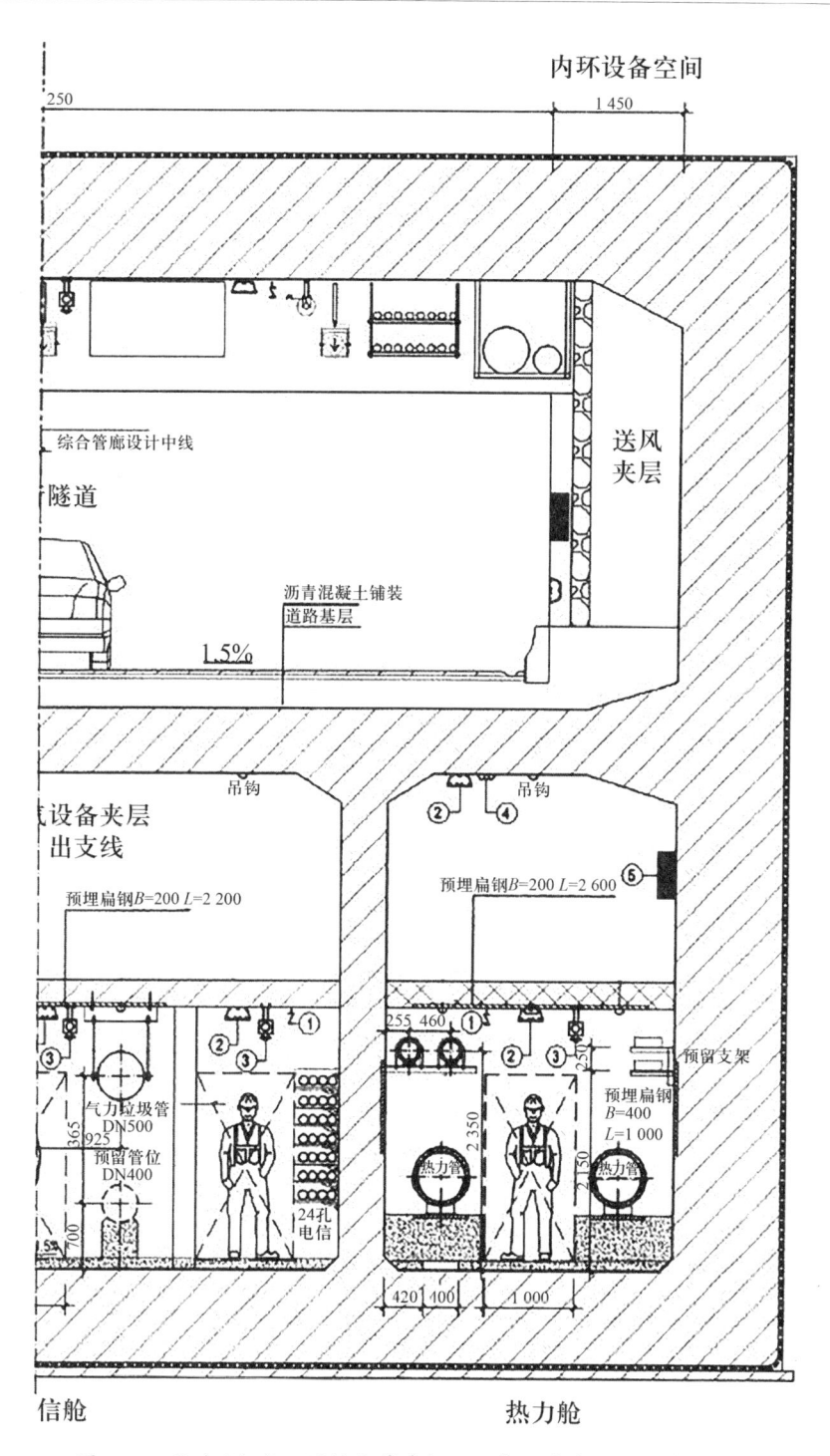

图 5-3　通州运河核心区综合管廊断面示意图（单位：mm）（续）

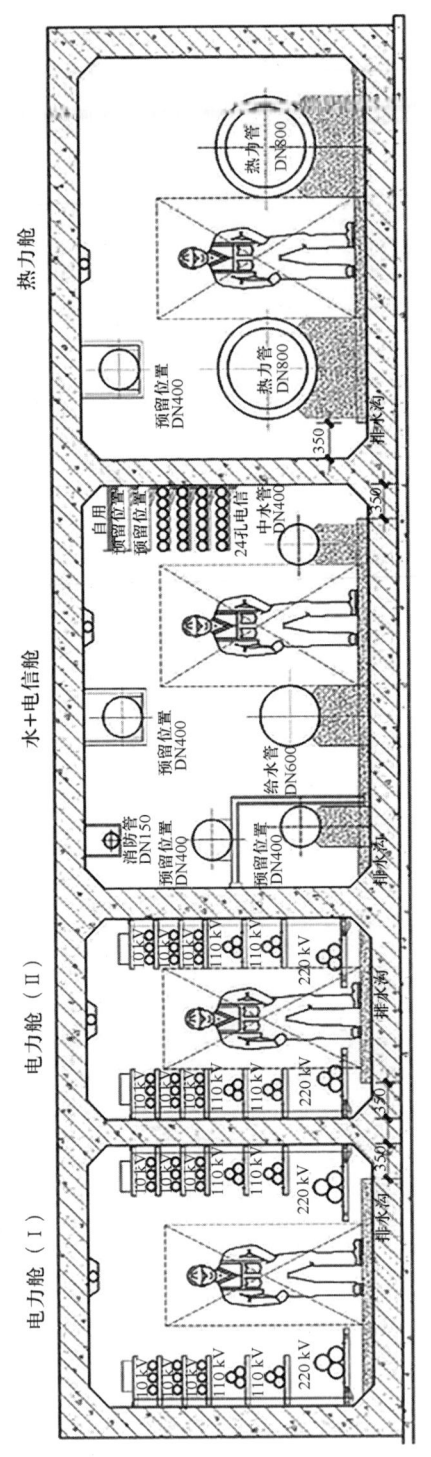

图 5-4 鲁疃西路综合管廊标准横断面图（单位：mm）

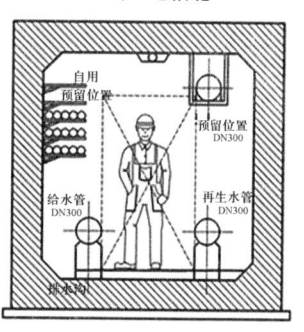

(a) 2舱断面布置图　　　　　　　　(b) 1舱断面布置图

图 5-5　广华新城综合管廊典型横断面图

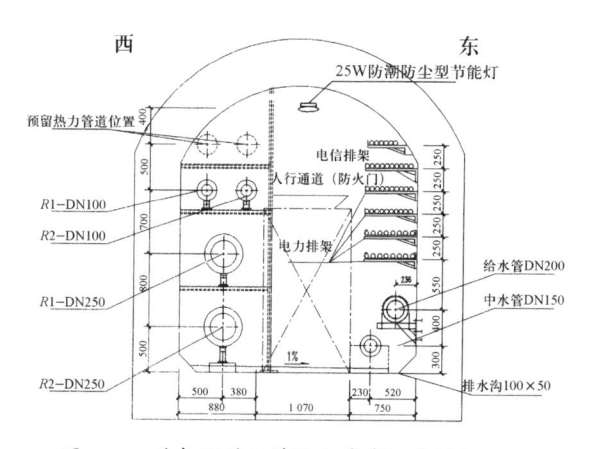

图 5-6　首都医科大学综合管廊标准横断面图

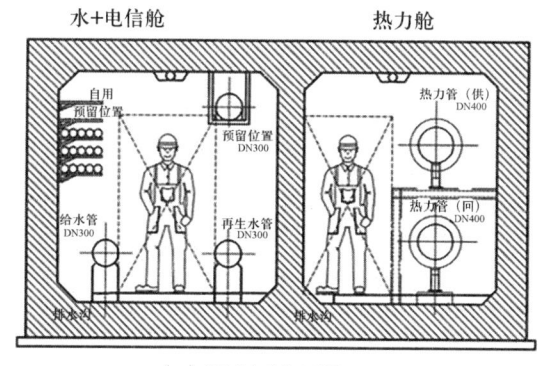

②入廊管线包括电力 10 kV、110 kV，220 kV 电缆，DN200 给水管、DN100~DN250 再生水管以及预留热力管道位置。

综合管廊的建设规划和断面设计方案涉及道路交通管理部门、各管网产权单位、周边建筑所有权单位等各个单位，利益交叉、关系复杂，需要多部门合作协调才能达成一致，这也是综合管廊推进建设的阻力之一。

5.1.3　施工技术

管廊主体结构施工包括两个部分：沟槽的开挖和管廊混凝土结构施工。沟槽的开挖有明挖法和暗挖法。配合开槽方法，管廊混凝土结构施工包括明挖现浇法、明挖预制装配法、盾构法、顶管法和浅埋暗挖法等。还有一些地质不同或有特殊要求的项目用的是其他方法，国内目前大多采用明挖现浇法。

（1）明挖现浇法

明挖现浇法是利用支护结构放坡或者支挡，进行地下坑槽开挖，浇筑管廊结构。现浇式混凝土管廊结构刚度大，变形小，整体结构稳定性好，对地基承载能力要求较低。该方法具有覆盖面广、成本低、施工效率高、技术简便等特点，适用于平坦道路和城市新区管廊。施工过程中需开挖铺设管道，采用大型挖掘设备，并以井点降水为辅助手段，现场浇筑需要支模板、绑扎钢筋等传统施工方式，会造成一定的城市环境污染。

按照多层分舱断面考虑，管廊施工一般包括基坑开挖及边坡防护、基底垫层及结构底板防水、结构底板施工、管廊层侧墙夹层板一体施工、管廊层侧墙夹层板施工、检修层侧墙施工、中板施工等。

北京市未来科技城鲁疃西路综合管廊为整体浇筑的钢筋混凝土闭合框架结构形式，采用明挖法整体浇筑施工。坑槽开挖及竖井支护分别采用不同的支护类型：标准段东侧采用井点降水＋钻孔灌注桩＋锚杆形式；西侧采用井点降水＋放坡形式；支线及竖井位置采用钻孔灌注桩＋内支撑形式。中关村西区地下综合管廊工程主体采用三层多跨钢筋混凝土框架结构，采用明挖法整体浇筑施工。该工程使用了玻璃钢圆柱模板、深基坑土钉支护等多项新技术、新工艺。

（2）明挖预制装配法

明挖预制装配法是在沟槽开挖后，将预制场预制好的管廊节段现场拼装的一种施工方法，具有工期短、管廊浇筑质量易于控制、模具重复利用率高等优点，在工程量较大的情况下总造价较低，适于城市新区与高科技现代化园区。该方法受断面尺寸和吊装运输设备限制，应控制节段质量。具体施工流程见图5-7。

北京环球度假区东北方位的将军府东路地下综合管廊，采用明挖预制装配法施工工艺，是北京市首个装配式地下综合管廊工程，也是全国首次采用全机械化拼装施工工艺的工程。

管廊预制方面，该工程利用数控精准定位建模，可确保设计与制造数据无缝对接；模具加工采用数控机床精准切割，细部位置精度可控制在2 mm以内，管廊内外壁模具，采用整板切割，可保证产品表面光洁平整；采用三维激光扫描仪进行测量，模具组装精度可控制在 1 mm 以内；生产环节和模具制作环节都有唯一且直接的数据来源，可有效避免间接传递造成的产品精确度不可控；设计与制造数据无缝对接，钢筋骨架绑扎定位精确控制，满足预留预埋设计。

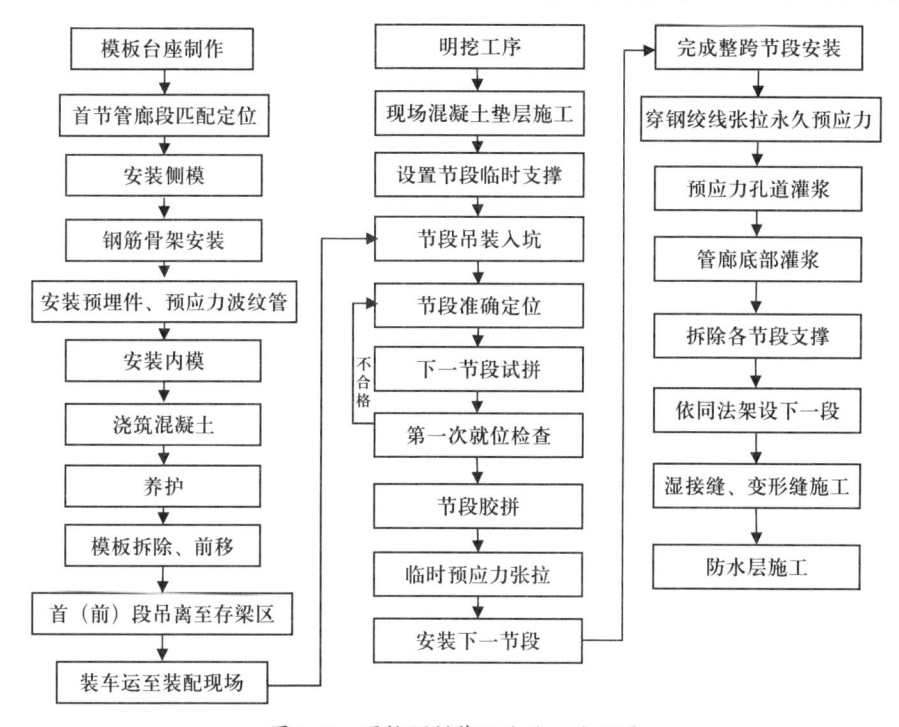

图 5-7　明挖预制装配法施工流程图

拼装技术方面，该工程利用汽车吊将 20 t 的单节预制管廊构件置于电动轨道台车的运输拼装设备上，缓慢靠近已拼装的管廊结构，利用台车搭配的主控计算机实时监控校准构件的轴线高程位置，通过人工微调位置偏差和连接辅助调整，确保精准对接。北京环球度假区管廊拼装施工现场如图 5-8 所示。

图 5-8　北京环球度假区管廊拼装施工现场图

（3）盾构法

使用盾构机在地中推进，通过盾构外壳和管片支撑四周围岩，并在开挖面前方用刀盘进行土体开挖，利用出土机械将土方运出洞外，靠推进油缸在后部加压顶进，并拼装预制混凝土管片，形成隧道结构。全过程实现机械自动化作业，劳动强度低，进度快，安全性较高，不干扰地面交通与设施；不受气候条件影响，噪声和扰动小，沉降容易控制；该方法需要操作人员具有很强的综合能力和对该项技术的专业操作能力，盾构隧道的埋层较深且对转弯曲线半径的要求较高，适用于松软含水层中埋层较深的长隧道。盾构法工艺流程包括管片预制、管片止水条及衬垫粘贴、管片选型、卜井和运输组织等。

泥浆技术方面，顶进施工中，管节的孔洞向外喷射一种"壁压注触变泥浆"，在顶推设备外形成一层具有润滑作用的泥浆套，减小阻力，消除对上部土体的扰动。

北京市广华新城、首都医科大学、王府井、北京新机场综合管廊工程均采用盾构法施工。北京新机场综合管廊首次采用矩形盾构顶推施工。矩形盾构顶推为并行两孔顶进，先凿通横截面尺寸为 9.1 m×5.5 m 的一孔，再凿通 7 m×5 m 的另一孔。盾构机设备方面，矩形顶管盾构机的头部由大小不一的 7 个刀盘（最大的直径 4.2 m）构成切削刀盘，边缘机壳上设有合金铲齿来铲碎盲区的土体。

（4）顶管法

顶管法是在工作坑内借助顶进设备产生的顶力，克服周围土壤与管道之间的摩擦力，将管道按设计的坡度顶入土中，并将土方运走的施工方法。此法适用于软土或富水软土层的大中型管径管道的非开挖铺设，具有对地面影响小、设备少、工序简单、工期短、造价低、保护环境等优点；直径大、顶进距离长的管廊不适于长距离掘进。顶管法施工工序包括施工准备，地下管线勘察工程测量，工作井、接收井安装等，如图 5-9 所示。

北京市东六环地下综合管廊采用非开挖矩形顶管方式，利用土压平衡矩形顶管机配合额定推力 40 000 kN 的主顶油缸，完成了地面以下 10 m、总长度 126 m、断面尺寸 6 m×4.3 m 的管道顶推施工。施工监控方面，采用自动监测系统，实时优化调整刀盘压力、电流强度、泥浆性能等顶进参数，满足了5 mm变形控制指标，有效规避了涌水涌泥、后续管片沉降等风险。

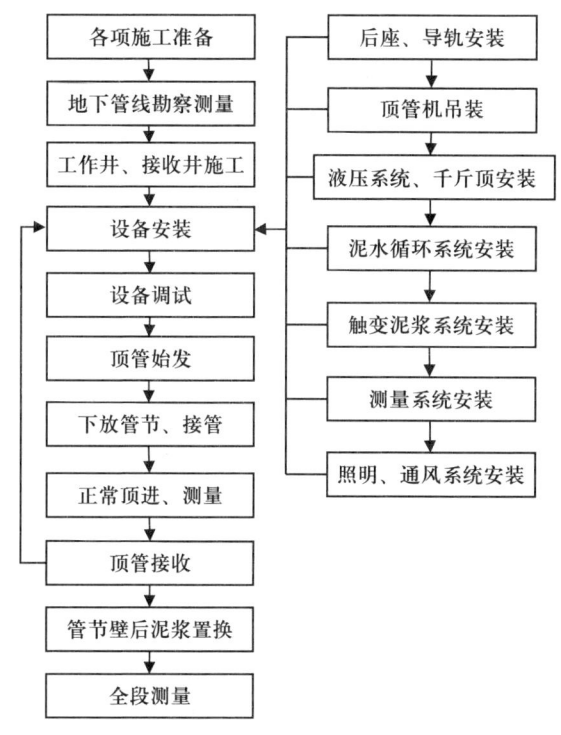

图 5-9 顶管法施工流程图

（5）浅埋暗挖法

浅埋暗挖法是采用超前支护、注浆等多种辅助方法，并利用围岩的自承能力，封闭成环，和围岩共同形成支护体系的一种施工方法。施工中无须太多专用设备，造价低，对道路交通周边环境的影响较小。浅埋暗挖法适合岩性较差或存在地下水等施工环境。其施工工序包括测量放样、超前小导管支护、破桩进洞等。

鲁疃西路综合管廊下穿水源九厂路，采用浅埋暗挖法施工，暗挖段为三洞分离式断面，围护结构为围护桩＋内侧支撑。

5.1.4 运维管理

随着城市管廊建设不断推进，提高运营管理质量，建立统一数据管理模式，整合利用综合管廊资源，进行智慧化运维管理，提高应急处理能力，成为管廊运营管理急需解决的问题。目前，已经用于城市综合管廊运维管理的智能化手段和技术包括以下内容。

（1）建筑信息模型（BIM）技术应用于管廊的建设与运维全生命周期

建筑信息模型（BIM）具有可视化、协调性、模拟性、优化性等特点，是服务于综合管廊的规划、设计、施工和运营等各个阶段的有效手段，同时作为数据库，可以提供基础数据。北京环球度假区装配式管廊采用BIM+智能制造管理平台，实现了全生命周期管控，微信扫一扫便可溯源从产品原材料到生产运输的全过程。

（2）地理信息系统（GIS）平台+智慧城市的管理系统

通过设置一些传感器，将GIS平台和智慧城市的管理系统相结合，运营数据通过GIS平台传递至城市管控中心，实现应急响应智能化+节能控制+智能巡检，提高运营管理效率。

（3）全时段环境设备监控系统，为管廊运维管理提供安全保障

北京城市副中心、临空经济区、冬奥会等重要功能区均构建了综合管廊系统，设置项目级监控中心，实现了管廊智能化监测和可视化运维管理。管廊内设置有安全防范系统、火灾报警系统、环境与设备监控系统、通信系统等，能有效监测管廊内温湿度、各种气体浓度等情况，方便廊内作业以及人员定位等。

5.1.5 问题及展望

（1）问题

目前，城市综合管廊工程在建设开发方面主要存在以下问题：

①规划方面。各类地下管线规划以各管线建设管理单位为主体，在工程规模、位置选择、建设时序等各环节，相互影响和制约，无法从城市更新改造和整体城市宏观发展角度进行统筹。

②设计方面。各类入廊管线均使用各自独立的设计规范，针对管廊和入廊管线的设计规范及标准均需要进一步完善。各类入廊管线应重新修订设计标

准，以达到运营标准与周期相匹配，使经济效益最大化。

③建设方面。综合管廊随轨道、道路同期建设，对于大型城市和超大城市是必然的选择。由于组织实施的建设管理主体和施工单位不同，造成征地拆迁等前期工作难以严格拆分、施工场地交叉使用、工期难以严格匹配等问题。

④投融资方面。尚未建立统一的综合管廊投融资机制体系，各项目的资金政策仍处于"一廊一政策"阶段，收费定价机制及相关配套政策也正在研究制定中。北京市各部门已开展相关研究，推动相关机制、政策尽早落地，主要包括国内外管廊建设经验、综合管廊资金平衡方案、投融资机制和定价机制等。

（2）展望

虽然我国管廊建设管理还有待完善，但其发展前景不容置疑。展望下一阶段，主要工作有以下几点：

①加快推进研究北京市综合管廊管理体系。统筹规划、标准、建设、运维等各方面，积极探索管廊设计新理念、新工艺、产权界定、资产管理、人防保护相关事项，进一步开放接口，探讨以市政管廊为基础的地下空间整体利用、区域性地上地下市政一体化衔接构想等。

②综合管廊的运营管理目标。综合管廊应与入廊管线一同安全、高效运营，而不能将管线与管廊的运营机械切分。为实现管廊运维与管线运维同时进行，需构建行之有效的联动、反馈机制，运维主体单位应考虑多种模式的组织形式及股权结构，充分比选。考虑社会金融资本参与管廊的运营安全管理，利用保险分散管廊运行故障及事故压力。

③挖掘信息数据资源。通过对采集、接收到的全公司/区域综合管廊的运维数据进行分析，形成针对运行维护资源优化配置、应急响应资料优先调用、运营管理方案改进完善的建设性意见，利用综合管廊数据库为相关单位提供有偿咨询服务。

④建设智慧管廊。将信息技术、互联网+、智能应用体系、数据融合、各种智能设备等智慧技术引入综合管廊，建立综合管廊的智能监控和管理系统。

通过智慧管廊的建设,有效提升综合管廊的运营、维护和监控水平,满足入廊管线的运营要求,提高工作效率和水平。

5.2 人行过街地道

5.2.1 技术特点

人行过街地道是指在城市地面下修筑的供行人横穿道路用的通道。相比人行天桥,过街地道因为地面与道路的高差要小得多,使用更轻松,因此使用率也更高;此外,地道对城市风貌和环境的影响相对较小,因此更受城市规划者的欢迎。但另一方面,地道的造价比天桥要高,如长安街人行地道的每平方米造价要比天桥高约一倍;地道在使用时,排水、照明等方面要消耗较多的能源,并且在平时的养护、卫生、维修以及安全等方面也存在许多需要特别注意的问题。因此,北京市的人行过街地道的数量要比天桥少。

人行地道规划选址应首先考虑人流交通量最大的路段,还应考虑地道与交叉口距离及整体交通组织、当地环境特征、人流集散方向以及道路两侧用地规划、公交站台位置、工程地质条件等。

人行地道的设计形式一般有一字形、Π形、L形和口字形等。由于人行地道位于地下,因此应确定出入口选择敞口还是加盖的形式。为了保持城市原有环境空间的完整性,人行地道的出入口一般情况下宜做成敞口;当需要保护电动扶梯不受雨淋等情况时,需要对出入口做加盖处理。人行地道的工程量和建筑量须尽可能少,以便通过线形、材料等的处理,使其与环境相协调。

人行地道埋深取决于结构高度和顶部覆土深度,一般以小为好,但不宜小于 50 m。人行地道净宽应根据高峰时人流量及设计通行能力确定,一般不小于 3.75 m。净高一般取 2.7~3 m,不低于 2.5 m,宽高比范围以 1.5~2 为宜。当主通道长度超过 50 m 时,净宽和净高需适当加大,以减轻行人压抑感。

北京市人行地道施工方法有明挖法、盖挖逆作法、浅埋暗挖法等。明挖法工艺简单、受力明确,但对地面交通影响大,适用于地面宽敞、交通不密集、对工期要求不高的情况,地道主体结构一般采用钢筋混凝土整体框架或者钢筋混凝土预制板结构，进出口敞开部分一般采用整体式U形结构，当为折返式时通常采用共用中墙的整体式双U形结构。

盖挖逆作法能够极大限度地降低施工对周边环境的影响，并且具有结构简单、整体性好等优点。其主体结构一般采用钢筋混凝土箱形结构。无桩墙盖挖逆作工艺的特点是以土体作为模板，先浇筑带翼顶板和预留墙梁，利用土体的自稳能力（必要时以劲性支撑辅助）支撑尚未形成整体结构的上部荷载，这时地面上可以正常通车。然后在顶板的保护下进行侧壁导洞开挖，利用现场监控测量的数据作为控制下部土体开挖进程的依据；在导洞内用锚喷支护保障侧墙土体稳定，用侧壁土体作为侧墙的外模板，用补偿收缩混凝土使顶板侧墙和底板连成一体，形成设计所要求的体系[84]。前三门人行地道是北京首次使用无桩墙盖挖逆作法修建的地下通道工程，并荣获当年市科技进步二等奖。

当要求对地面交通的影响降到最低，即不停止地面交通时，可采用浅埋暗挖法，如1994年长安街上建成并投入使用的20座地下人行通道中有5座通道，采用了平顶直墙暗挖法施工[85]。施工中顶部围岩采用小导管注浆加固，两侧洞开挖采用台阶法、中间洞一次开挖的方案，在施工过程中通过监控测量控制地表下沉。

所有的人行地道内均设置独立的排水系统，当无法采用自流方式将水排入地道外城市排水管道时，需要采取其他排水措施，如设置排水泵。地道应设置给水设施，满足消防及冲洗需求。主通道长度不大于60 m时，一般采用自然通风，当长度超过60 m时，应设置机械通风和排烟系统。长安街天安门东、西通道各设置了5间设备用房，用于泵房、变电室及电视监视控制室等。

北京市人行地道侧墙装修一般采用粉刷涂料、挂装饰板、粘贴瓷砖等形式，顶板一般采用吊顶的形式，地面则采用防滑耐磨的材料，如防滑砖等。

在无障碍设计方面，对人行地道的要求与人行天桥相似，坡道长度、栏杆扶手高度、标志线等均应满足无障碍设施的相关要求。

5.2.2 发展过程

1983年，北京市在前门建成第一座人行地道。1994年，新增了复兴门内大街商业部通道、人民银行通道、西长安街西单路口东通道、府右街通道、建国门内大街社科院通道、北京站口东、西通道等 21 座人行地道。到 2000 年，北京市共建成人行地道 150 座左右。截至 2020 年年底，北京城六区已修建人行地道 215 座，主要集中修建在人流集中的商业繁华地区、各大环路和立交桥附近[86-88]。图 5-10 为北京市 1982—2000 年人行地道数量统计图。

图 5-10　北京市 1982—2000 年人行地道数量统计图

大栅栏是北京著名的商业繁华地区，行人拥挤，交通繁忙。为了缓解交通阻塞和保障行人安全，1983 年，北京市政府在前门修建了北京市第一座人行过街地道——前门大栅栏人行地道。该地道包括主通道、门厅、东西进出口和雨棚五部分，面积为 330 m²，全长 62.3 m，主通道长 23.66 m，平面布置呈"上"字形。主通道采用钢筋混凝土闭合框架结构，除地板采用现浇以外，侧墙、顶板和搭板均为预制拼装，节点之间预留钢筋联结。进出口的底板和侧墙为现浇钢筋混凝土结构，并设置坡度为 1∶2 的混凝土踏步。通道采用大开槽明挖施工。

在 1983 年 12 月开工的三元桥沿线北京市共修建了 8 座人行地道，分布在主桥四周，统称三元桥通道。主通道均为一字形，通道底板为现浇钢筋混凝土板，墙壁为钢筋混凝土预制板，顶板采用预制钢筋混凝土板梁，于 1986 年竣工验收。此外，北三环路马甸桥和蓟门桥建设中各修建了 8 座人行地道；在安贞桥修建了1座人行地道；在"东厢"道路沿线修建人行地道5座；在"西厢"工程沿线修建人行地道10座；在"南厢"工程沿线修建人行地道10座。

慈云寺人行地道位于北京第三棉纺厂门前，也称为国棉三厂通道。它穿越朝阳路，国棉三厂万余名职工上下班都可以通过此通道从厂区安全穿过朝阳路到生活区，保证朝阳路交通正常运行。该地道主通道长15.5 m，净宽5.2 m，净高2.5 m，面积为80.6 m^2。通道南北各有门厅1座，梯道4座，每座长16.94 m，梯道的上方搭有防雨棚。通道内装有36块栅网，内装白炽灯50盏。主通道及门厅结构一致，均为预制钢筋混凝土墙板和顶板；梯道踏步为现浇混凝土；墙面及顶面装饰均为喷漆；地面用缸砖铺砌。此道于1984年9月竣工。

动物园人行地道位于动物园汽车总站进出口处，此处车辆进出频繁，为保障行人安全，避免发生交通堵塞而修建地道。该地道主通道长25 m，净宽5.2 m，净高2.55 m，面积为130 m^2。通道东、西、南设有梯道出入口，总长32.4 m，在东出口搭设雨棚，通道内设照明。通道结构为钢筋混凝土预制板；侧墙及顶面装饰一致，采用建筑涂料喷涂，后改镶嵌瓷砖；地面和梯道踏步是在现浇混凝土上铺地面砖。此地道于1984年10月竣工。

1987年4月，为改善天安门地区交通状况，在天安门广场东、西两侧，即北京市劳动人民文化宫门前和中山公园门前北京市政府各建1座人行地道。两座地道对称天安门中轴线设置，地道中线相互距离为416 m，分别建成正、反"L"形。南北各设梯道进出口3座，梯道总长47.35 m；另有2座坡道，总长89.08 m；进出口下设有门厅，长12 m，净高2.9 m，净宽12 m，面积为144 m^2。该地道主通道长77.27 m，净宽12 m，净高2.9 m，面积为927.24 m^2；副通道长92 m，净宽12 m，净高2.9 m，面积为1 104 m^2。主通道、副通道和门厅结构相同，均为闭合式钢筋混凝土框架结构，由预制墙板、现浇底板、现浇顶板组合而成。主通道、副通道及门厅装饰也一致：侧墙1.2 m墙裙镶砌天然大理石，上部用釉面砖贴面，地面用水磨石铺砌。进出口为混凝土基础，踏步及坡道均采用花岗岩材料；顶部采用微拱铝合金吊顶，上装满天星筒形高压汞灯208盏。两座地道的建设解决了人流与东、西长安街及广场两侧道路上行驶车辆的矛盾，提高了道路的车辆通行能力，被评为1987年度北京市优质工程。图 5-11 为天安门西通道。

图 5-11 天安门西通道

西直门南通道和阜成门北通道建设工程于 1990 年 8 月竣工。两座通道穿越西二环路，是 1974 年修建地下铁道时的预埋工程，当时只完成了通道主体及西侧进出口的结构工程。两座通道结构和装饰相同，主通道及门厅为现浇钢筋混凝土框架结构，梯道两侧为现浇钢筋混凝土墙，主通道长分别为 59.6 m 和 68.6 m，净高 2.5 m，净宽 5 m。主通道与门厅装饰采用建筑材料喷涂墙面和顶面，地面铺装水磨石。排水方式均采用泵抽排水。

前门 4 号通道位于人民大会堂西侧路南口，7 号通道位于箭楼前的前门大街，通道净宽 7 m，高 2.5 m，主通道长 35.6 m。通道采用无边桩盖挖逆作法施工，于 1992 年 1 月开工，同年 3 月竣工，对交通的影响仅为 18~20 天，体现了施工对交通影响小的优点。施工时先清理现场，处理地下市政管线；再开挖路面及土槽至顶板底面高程；然后施作土胎膜，浇筑顶板混凝土；最后重做路面，恢复道路交通。本工程利用人行通道出入口部位开挖施工竖井，安装起吊设备，转入地下暗挖施工；接着开挖侧向导洞，锚喷支护侧壁；然后分段浇筑 L 形墙基及侧墙；最后开挖核心土体和浇筑底板混凝土。该通道应用的无边桩盖挖逆作法修建人行通道技术获北京市优秀工程设计优秀奖。

为适应城市建设发展的更高要求，减少对交通的干扰，1990—1991年，西大望路电力隧道工程中的250段首次采用浅埋暗挖法施工技术，由于该工程减少了回弹，混凝土表面平整、光滑，受到了供电局管理部门好评。

长安街是北京市交通的主要干道，在政治经济上发挥着重要作用，为缓解交通拥堵的状况，在长安街上复兴门与建国门之间建成并投入使用了22座"L"形人行通道。其中的5座通道，地质条件基本相同，通道上部覆土一般为1.0 m厚，最薄处仅0.5 m，覆跨比为0.09，为了施工安全并能保证路面交通正常秩序，建设中采用中间加临时支撑、减小初期支护跨度的平顶直墙暗挖法施工技术[85]，其中北京站西口通道获北京市优质工程奖。

妇联通道位于全国妇联机关大门及瑞金一条东侧，横跨长安街呈"H"形布置，通道长度为49.7 m，净宽10 m，净高普通段为2.5 m，跨越管线段为2.2 m。为减少长安街的围挡，不影响交通，此通道采用超浅埋暗挖通道CRD工法施工，将长度11.84 m、高度4.4 m的矩形结构分解成3块，然后再形成整体。同样采用浅埋暗挖法施工的还有位于长安街东单路口东侧的东单人行过街通道[89]。

东方广场通道位于东长安街，第一部分从地铁王府井站4号出入口向北伸出36.1 m，再向东延伸65 m，与东方广场地下商场的预留口相连接；第二部分从既有的王府井东侧的地下通道东北角向东伸出22.73 m（西—东段），再向北折延伸31.25 m（南—北段），与第一部分相连。考虑人行通道上方为自行车道路面，采用明挖法会严重影响地面交通，因此采用暗挖法施工，结构断面统一采用平顶直墙结构[90]。

前门3号通道位于前门东侧内二环干路上，主通道长40.35 m，宽9 m，高2.5 m，两侧梯道宽4 m；前门6号通道位于前门西侧内二环路上，主通道长44 m，宽9 m，高2.5 m，南梯道宽5 m，北梯道宽4 m。通道施工区域下方为地下铁道结构，通道从地铁结构顶部及地铁防爆层中间穿过，主通道结构顶面距防爆层底面仅15 cm，有13 m长主通道直接坐落在地铁结构层之上。此通道采用管棚法施工，先在预置钢管棚的超前支护下，用喷射混凝土结合劲性钢架作为通道结构一次支护手段，按照随开挖随支护的原则施工，一次支护贯通后，再进行二次模注混凝土衬砌，形成永久通道支护结构。该项目于1992年1月开工，同年3月竣工。管棚法施工具有不影响正常交通、少扰民、少拆迁等优点。

随着北京市城市建设的发展，人们的环保意识日益增强，因此对通道环境改善迫在眉睫。1997—2000年，北京市政府先后对繁华地区的人行通道进行了内装修，墙面贴瓷砖，顶面喷涂，更换灯具，进行堵漏等维护，对动物园、景山、崇文门、前门地区等19座通道做了内装修，改善了行人的通行环境。1999年对北京市妇联等4座人行通道分别向南延长，对南长街等3座人行通道进行了加固；1999年，为配合二环、三环及重要联络线改造工程，为阜成门、西直门南、白纸坊、右安门4座通道增加梯道15座，为马甸立交桥东侧和三元立交桥南侧通道加修51个梯道；2000年，长安街治理漏水通道8座，对通道的漏水问题做了专项治理。

2017年，市政府对西单人行通道、长安街（建国门—复兴门）25座人行通道进行了大修，其中天安门东、西通道和王府井东、西通道始建于20世纪80年代中期，其他通道在20世纪90年代初陆续建成，装饰风格早已跟不上长安街景观提升的要求。完成大修后的西单西人行通道焕然一新：汉白玉牌匾、花岗岩墙面和地面、雕刻了地标性建筑物的金属浮雕、LED灯照明，不仅外观庄严大气，防漏雨、无障碍等设施也进行了升级。过去存在变形缝、施工缝和裂缝漏水病害等问题，因此在维修过程中，在对裂缝进行修补的基础上，增设了不锈钢导水槽，将雨水接入通道排水系统。同时，对25座通道的排水管进行全面疏通，雨水箅子全部采用不锈钢材质。大修还对无障碍设施进行了精细设计和补充。对宽度大于4 m的梯道，把原来位于两边的坡道挪到中间，更便于盲人和老人借助扶手进出通道；每段通道的顶部、底部及出入口设置盲道，通道内增设行进盲道，更换栏杆扶手并在扶手端部增设盲文铭牌[91]。

人行通道也可以与其他设置相结合，构成一体化的行人过街系统。2002年4月，首都规划委决定，商务中心区建设要重视地下空间的利用，形成立体化交通系统，地下建筑尤其是核心区的地下一层要相互连通，形成地下人行系统；地下车库尽可能连通，减轻地面交通压力，并与地铁车站相通，形成一个相对完整、使用方便的步行系统。2010年3月，银泰—航华人行通道投入使用，该人行通道位于国贸桥南侧，东西向下穿东三环路，全长170 m，宽度为9.4 m，局部宽度为12.7 m，断面高度为7.9 m，局部断面为9.92 m，建筑面积为805 m^2，总建筑面积为3 815 m^2，在三环路东西两侧均设置了地面出入口，面积为356 m^2。银泰—航华人行通道穿越三大风险源，下穿东三环路6类32条管线，包括燃气、雨水、污水、上水管线等；上穿地铁10号线盾构区间，距离约为2 m；穿越国贸桥和大北窑桥桥桩8处、32根，距离桥桩最近为3.41 m。主通道埋深约为15.77 m，在下穿控制性管线时采用平顶直墙矩形断面形式，覆土厚度约为9.6 m，其余部分为拱顶直墙断面形式，覆土厚度约为7.3 m。2、3号出入口采用明挖法施工，围护结构用600 mm直径灌注桩加内支撑方式。2号出入口围护桩距地铁10号线西线隧道最小净距为1.96 m，距国贸桥三环路桥桩最小净距为11.2 m。因此在洞内采用超前小导管和长导管注浆，结合地面单孔复合锚杆桩注浆的综合加固方式，很好地控制了桥桩沉降，使得主通道的浅埋暗挖施工顺利进行。同时，为了安全通过大口径的污水管，采取在污水管内铺设防水卷材、对污水管周围土体进行二重管无收缩双液注浆加固、洞内施工加强超前探测、选择合理的开挖时间、搭设超前大管棚支护、施作超前小导管、开挖过程中加强支护施工等措施，有效地减少了施工对土体的扰动、降低了污水管漏水可能，安全通过了1 800mm直径污水管。此通道于2009年1月竣工，全长165 m[92-94]。

为集约化利用地下空间资源，方便乘客进站以及进入周边的商业和交通设施，市政府采用将车站与周边地下空间一体化规划设计、分期建造的模式。2021年5月，清河站配套人行通道开通，通道下穿京张高铁和京新高速公路，将安宁庄路人行系统与上地东路人行系统联结起来，大大减少了周边居民的绕行路程，并提高了所在区域人行交通的承载力。京张高铁清河火车站地下交通枢纽项目位于站前广场东侧，为整体双层、局部单层的钢筋混凝土框架结构。双层段的负1层为相互独立设置的地下公交通道、地下人行通道及地下连廊接驳段；双层段的负2层为地下商业通道；局部单层段为通往邻近商业设施接驳段。通道采用明挖法完成负1层结构和永久钢管柱的施工，以满足负1层和清河站同步投入运营的需求，回填后再采用盖挖顺作法施工负 2 层结构。负 1 层人行通道为东西向，长约 450 m，宽度达 8 m，共留有 5 个步行出入口、2 个应急出入口。通道宽 8 m，有盲道、安全照明灯等配套设施。负 1 层仅仅 81 天就完工交付使用，确保了负 1 层的各种交通设施能够随清河站的开通同步投入运营，本项目提出的分体建造工法也为高铁车站地下交通枢纽按期投入运营提供了保障[95]。图 5-12 为清河站过街通道现场图。

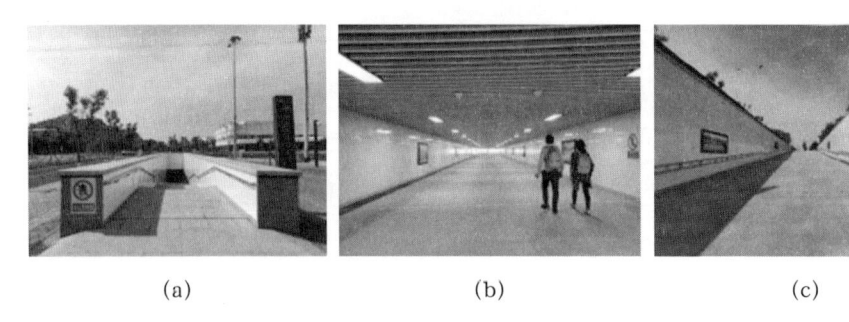

(a)　　　　　　　　(b)　　　　　　　　(c)

图 5-12　清河站过街通道现场图

参考文献

[1] 侯仁之. 元大都城与明清北京城[J]. 故宫博物院院刊, 1979 (3): 3-21, 38.

[2] 傅熹年. 中国古代建筑概说[M]. 北京: 北京出版社, 2016.

[3] 孙希磊. 民国时期北京城市管理制度与市政建设[J]. 北京建筑工程学院学报, 2009, 25 (3): 51-54, 63.

[4] 郗志群. 简论民国时期北京城市建设和社会变迁[J]. 北京联合大学学报 (人文社会科学版), 2010, 8 (2): 57-63.

[5] 北京建设史书编辑委员会编辑部. 建国以来的北京城市建设资料: 第八卷 市政工程[Z]. 北京, 1989.

[6] 刘桂生. 北京城市道路交通建设与发展[J]. 城市道桥与防洪, 2003 (1): 4-6, 5.

[7] 北京市统计局. 北京统计年鉴[M]. 北京: 国家统计出版社, 2021.

[8] 申予荣. 1953年《改建与扩建北京市规划草案要点》编制始末[J]. 北京规划建设, 2002 (3): 65.

[9] 李浩. 首都北京第一版城市总体规划的历史考察: 1953年《改建与扩建北京市规划草案》评述[J]. 城市规划学刊, 2021 (4): 96-103.

[10] 董光器. 五十七年光辉历程: 建国以来北京城市规划的发展[J]. 北京规划建设, 2006 (5): 13-16.

[11] 谭伯仁: 北京城市道路规划发展概况 (1953—2004) [EB/OL]. (2018-09-07) [2022-11-01]. https://www.sohu.com/a/252434672_651721.

[12] 董光器. 四十七年光辉的历程: 建国以来北京城市规划的发展[J]. 北京规划建设, 1996 (5): 5-8.

[13] 北京市城市规划设计研究院. 北京城市总体规划 (1991年至2010年) [Z].

1992.

[14] 北京市规划和自然资源委员会. 北京城市总体规划（2004年—2020年）. [J/OL].（2022-01-10）[2022-11-01]. https://ghzrzyw.beijing.gov.cn/zhengwuxinxi/zxzt/bjcsztgh2004/202201/t20220110_2587452.html.

[15] 北京市规划和自然资源委员会. 北京城市总体规划（2016年—2035年）[EB/OL]（2018-01-09）[2022-11-01]. https://ghzrzyw.beijing.gov.cn/zhengwuxinxi/zxzt/bjcsztgh20162035/.

[16] 北京市地方志编纂委员会. 北京志·交通志[M]. 北京：北京出版社，2018.

[17] 北京市发展和改革委员会. 北京市"十五"时期交通行业发展建设规划纲要[EB/OL].（2007-11-05）[2022-11-01]. https://fgw.beijing.gov.cn/fgwzwgk/zcgk/ghjhwb/wnjh/202003/t20200331_2638432.htm.

[18] 北京市发展和改革委员会. 北京市"十一五"时期交通发展建设规划[EB/OL].（2006-11-21）[2022-11-01]. http://jtw.beijing.gov.cn/xxgk/ghjh/gh1/202001/t20200102_1552512.html.

[19] 北京市发展和改革委员会. 北京市"十二五"时期交通发展建设规划[EB/OL].[2011-11-12]. http://www.beijing.gov.cn/zhengce/zhengcefagui/202111/t20211112_2535916.html.

[20] 北京市发展和改革委员会. 北京市"十三五"时期交通发展建设规划[EB/OL].[2016-07-04]. http://jtw.beijing.gov.cn/xxgk/ghjh/gh1/202001/t20200102_1552622.html.

[21] 北京市人民政府. 北京市"十四五"时期交通发展建设规划[EB/OL].（2022-04-10）[2022-11-01]. http://www.beijing.gov.cn/zhengce/zhengcefagui/202205/t20220507_2704320.html.

[22] 李开国，赵雪峰. 新时期城市道路设计策略研究[J]. 城市道桥与防洪，2022（10）：6-10，22，301.

[23] 唐质勇. 北京市城近郊区沥青路面技术发展回顾与展望[J]. 市政技术，1994（3）：34-42.

[24] 刘鹏. 北京的桥梁[J]. 北京档案，2009（7）：50-51.

[25] 赵斌.北京城市桥梁建设的发展：从三元桥到四元桥[J].市政技术，1994（3）：43-48，7.

[26] 田宗礼，李杰.立体交叉在城市交通规划中的地位与作用[J].中国市政工程，2009（1）：6-7，78.

[27] 北京市地方志编纂委员会.北京志·市政卷·道桥志[M].北京：北京出版社，2001.

[28] 北京市地方志编纂委员会.北京志·城乡规划卷·市政工程设计志[M].北京：北京出版社，2009.

[29] 沈中治.预应力技术在首都城市桥梁上的应用[J].城市道桥与防洪，1996（2）：18-20，45.

[30] 胡达和.城市桥梁设计的若干问题[J].北京建筑工程学院学报，2001（17）：16-22，73.

[31] 罗玲，石中柱.北京城市立交桥建设与展望[J].城市道桥与防洪，1993（3）：21-27.

[32] 沈中治.城市立交桥：异形平板桥设计[J].城市道桥与防洪，2003（2）：1-6，5.

[33] 张宏山，包宇.跨京山铁路钢混结合梁施工技术[J].施工技术，2006，35（6）：91-92.

[34] 宋鑫.变截面钢–混凝土组合连续桁梁桥设计与施工[J].城市道桥与防洪，2018（2）：88-91，13.

[35] 北京建设史书编辑委员会编辑部.建国以来的北京城市建设资料：第三卷 道路·交通[M].1998.

[36] 白崇智.北京市二环、三环快速路建设过程：社会效应·主要经验[J].市政技术，1994（4）：74-78，21.

[37] 谢春霞.我国混凝土外加剂的发展[J].四川建材，2014（1）：1-2.

[38] 张捷，李占群.我国高强钢筋的发展历程及展望[J].科技信息，2012（12）：427.

[39] 毛新平，武会宾，汤启波.我国桥梁结构钢的发展与创新[J].现代交通与

冶金材料，2021，1（6）：1-5.

[40] 王武勤. 桥梁工程领域的技术发展状况及焦点问题[J]. 施工技术，2021（17）：20-26，33.

[41] 钱漪远. 北京五环内过街天桥及其周边空间现状调查[D]. 北京：清华大学，2018.

[42] 庞江倩. 数说北京改革开放三十年[M]. 北京：中国统计出版社，2018.

[43] 庞江倩. 数说北京70年[M]. 北京：中国统计出版社，2019.

[44] 孙梅君，王红. 北京年鉴2021[M]. 北京：北京年鉴社，2021.

[45] 张士相. 清河人行天桥钢结构制造工艺总结[J]. 市政技术，1985(4)：9-16.

[46] 《京城彩练》画册编委会. 京城彩练：北京人行天桥与人行地道[M]. 北京：中国建材工业出版社，1999.

[47] 央视网. 全国最宽天桥北京站前投入使用 桥面宽10米[EB/OL].（2007-9-29）[2022-12-28]. http://news.cctv.com/sports/aoyun/other/20070930/100298.shtm.

[48] 北京晨报. 东单路口天桥改造吊装将成国内单跨最大铝合金桁架天桥[EB/OL].（2017-12-27）[2022-12-28]. https://baijiahao.baidu.com/s?id=1587901697366155909&wfr=spider&for=pc.

[49] 中国在线. 北京最大"口字形"天桥投用 缓堵中关村[EB/OL].（2011-12-28）[2022-12-28]. http://www.chinadaily.com.cn/dfpd/2011-12/28/content_14340761.htm.

[50] 杨建国，吴利权，王永焕，等. 西单铝合金桁架人行天桥荷载试验及承载能力分析[J]. 工业建筑，2009，39（S1）：559-562.

[51] 卢长炯，张丽娜. 斜拉索人行天桥施工工艺及实践[J]. 中国市政工程，2007（2）：20-21，88.

[52] 郭利夫，郑淑琴. 北京市南城人行桥浅析[J]. 市政技术，1989（2）：18-19，30.

[53] 张振华，宋谷长，钟晓颖. 彩色桥面铺装在城市人行天桥的应用研究[J]. 市政技术，2012，30（3）：139-141，159.

[54] 人民资讯. 北京13座天桥完成品质提升工程 进一步改善出行环境[EB/OL].（2021-1-19）[2022-12-28]. https://baijiahao.baidu.com/s?id=1689302811802683865&wfr=spider&for=pc.

[55] 新京报. 北京站、北京西站天桥"换新颜"[EB/OL].（2018-5-25）[2022-12-28]. https://baijiahao.baidu.com/s?id=1601371760332437513&wfr=spider&for=pc.

[56] 北京市市政工程设计研究总院. 人行天桥与人行地下通道无障碍设施设计规程：DB11T805—2011[S]. 北京，2011.

[57] 罗聪，付军. 城市轨道交通高架桥附属空间利用探讨：以北京13号线地铁为例[J]. 城市建筑，2022，19（5）：155-159.

[58] 李文会. 北京轨道交通中的高架桥[J]. 市政技术，2013，31（05）：65-67.

[59] 徐东. 北京地铁14号线技术创新综述[J]. 都市快轨交通，2019，32（2）：19-28.

[60] 钟彬. 地铁高架钢-混结合简支双线梁施工关键技术[J]. 价值工程，2017，36（22）：110-113.

[61] 潘振涛. 钢管柱贝雷梁盘销支架在变截面现浇梁中的应用[J]. 市政技术，2015（S1）：52-55.

[62] 张付宾，李辉. 北京市大兴国际机场线高架区间总体设计[J]. 铁道标准设计，2020，64（4）：83-88.

[63] 张晓林，陈宝军. 北京地铁八通线高架桥设计[J]. 铁道建筑，2003（11）：14-16.

[64] 王冰. 北京市轨道交通大兴线高架桥设计[J]. 铁道标准设计，2012（2）：62-65.

[65] 郭峰. 大跨度钢混连续箱梁架设关键技术研究[J]. 世界轨道交通会，2013（1）：50-52.

[66] 张亚丽，张雷，李镭. 北京中低速磁浮交通示范线（S1线）大悬臂钢拱桥顶推施工研究[J]. 城市轨道交通研究，2021（9）：104-110，116.

[67] 肖海珠，张强，高宗余. 北京地铁五号线曲线斜拉桥设计[J]. 桥梁建设，

2006（4）：38-41.

[68] 王子军，邱峰，李正江. 亦庄线工程高架区间30m预制箱梁设计[J]. 市政技术，2010，28（S2）：35-38，77.

[69] 黄加佳. 北京地铁诞生记[N]. 北京日报，2007-09-25（14）.

[70] 国家发展和改革委员会. 北京市城市轨道交通近期建设规划调整（2007—2016年）通过批准[EB/OL].（2012-11-16）[2022-11-01]https://www.ndrc.gov.cn/fzggw/jgsj/zcs/sjdt/201211/t20121116_1145284.html.

[71] 国家发展和改革委员会. 国家发展改革委关于北京市城市轨道交通第二期建设规划（2015—2021年）的批复 发改基础〔2015〕2099号[EB/OL].（2015-09-14）[2022-11-01].https://www.ndrc.gov.cn/xxgk/zcfb/pifu/201509/t20150929_1316353_ext.html.

[72] 国家发展和改革委员会. 国家发展改革委关于调整北京市城市轨道交通第二期建设规划方案的批复 发改基础〔2019〕1904号[EB/OL].（2015-12-05）[2022-11-01].https://www.ndrc.gov.cn/xxgk/zcfb/pifu/201912/t20191223_1316532_ext.html.

[73] 乐贵平. 北京地铁盾构隧道技术[M]. 北京：人民交通出版社，2012.

[74] 王晓军. 天水至平凉铁路六盘山隧道工程施工风险管理研究[D]. 成都：西南交通大学，2014.

[75] 中国土木工程学会. 中国土木工程指南[M]. 2版. 北京：科学出版社，2000.

[76] 孟凡军. 复杂地质条件下铁路隧道施工技术研究[D]. 成都：西南交通大学，2007.

[77] 王梦恕，罗琼. 北京地铁浅埋暗挖法施工：复兴门折返线工程[J]. 铁道工程学报，1988（12）：107-116.

[78] 舒雪清. 2022年中国地下综合管廊行业建设情况，市场供需及发展趋势分析[EB/OL]. [2022-09-09]. https://baijiahao.baidu.com/s?id=1743470447482401987&wfr=spider&for=pc.

[79] 宋文波. 北京市综合管廊规划建设现状及发展趋势[J]. 建筑机械，2016（6）：16-21.

[80] 城市综合管廊工程技术规范：GB 50838—2015[S]. 北京：中国计划出版社，2015.

[81] 徐林，白羽. 北京通州新城运河核心区市政工程综合规划[C]//2013中国城市规划学会年会论文集（05-工程防灾规划）. 青岛2013：364-374.

[82] 王丽. 城市综合管廊建设运营探索与实践[J]. 北京规划建设，2016（6）：101-104.

[83] 武迪. 北京市朝阳区广华新城居住区综合管沟设计[J]. 中国给水排水，2016，32（22）：93-102.

[84] 高辅民. 盖挖逆作法修建北京人行地下通道试验技术总结[J]. 市政技术，1993（7）：15-24.

[85] 李维安，张兴宇. 采用平顶直墙暗挖法修建大跨度地下人行通道[C]// 中国土木工程学会隧道及地下工程学会第九届年会论文集. 1996：191-195.

[86] 北京市东城区志编纂委员会，北京市东城区志[M]. 北京：北京出版社，2005：494.

[87] 北京市市政工程总公司志编纂委员会，北京市市政工程总公司志[M]. 北京：中国市场出版社，2005.

[88] 北京市市政市容管理委员会. 北京市市政市容管理委员会关于加强本市地下通道和过街天桥环境卫生管理工作的通知[EB/OL].（2011-12-02）[2022-12-28]. http://csglw.beijing.gov.cn/zwxx/zwdtxx/zwgzdt/201912/t20191204_857476.html.

[89] 马振江. 超浅埋暗挖法施工在地下工程中的应用[J]. 西部探矿工程，1999（S1）：113-115.

[90] 苏志杰. 平顶直墙结构浅埋暗挖法在地下通道中的应用[J]. 铁道建筑，2000（6）：11-13.

[91] 北京市市政市容管理委员会. 长安街25座地下通道"精装修"[EB/OL].（2017-4-21）[2022-12-28]. http://csglw.beijing.gov.cn/zwxx/zwdtxx/mtbd/201912/t20191204_847018.html.

[92] 胡显鹏，郝志宏，贾永刚. 银泰·航华地下人行通道工程桥桩保护方案研

究[J]. 施工技术, 2008, 37（7）: 1-4.

[93] 贾永刚, 崔志杰, 杨慧林, 等. 复合锚杆桩在大跨地下通道穿越桥桩中的应用[J]. 都市快轨交通, 2009, 22（2）: 105-110.

[94] 杨学聪. CBD建地下空间实现人车分流[N]. 北京日报, 2007-12-20（005）.

[95] 张海涛, 李兆平, 冯超, 等. 京张高铁清河站地下交通枢纽分体建造工法研究[J]. 隧道建设（中英文）, 2021, 41（12）: 2163-2170.